# 離散的植物

Dispersals: On Plants, Borders, and Belonging

原生、外來、入侵……
環境歷史學家體察植物界的傳播與擴散，
探尋邊界、家、遷移及歸屬的意義

李潔珂 Jessica J. Lee——著
呂奕欣——譯

古訓銘 前中央研究院生物多樣性中心研究助理——審訂

臉譜書房 FS0185

# 離散的植物

原生、外來、入侵……環境歷史學家體察植物界的傳播與擴散，
探尋邊界、家、遷移及歸屬的意義

Dispersals: On Plants, Borders, and Belonging

作　　者　李潔珂（Jessica J. Lee）
譯　　者　呂奕欣
責任編輯　許舒涵
行　　銷　陳彩玉、林詩玟
業　　務　李再星、李振東、林佩瑜
封面設計　蕭旭芳

副總編輯　陳雨柔
編輯總監　劉麗真
事業群總經理　謝至平
發 行 人　何飛鵬
出　　版　臉譜出版
台北市南港區昆陽街16號4樓
電話：886-2-2500-0888 傳真：886-2-2500-1951
發　　行　英屬蓋曼群島商家庭傳媒股份有限公司城邦分公司
台北市南港區昆陽街16號8樓
客服專線：02-25007718；02-25007719
24小時傳真專線：02-25001990；02-25001991
服務時間：週一至週五上午09:30-12:00；下午13:30-17:00
劃撥帳號：19863813 戶名：書虫股份有限公司
讀者服務信箱：service@readingclub.com.tw
城邦網址：http://www.cite.com.tw
香港發行所　城邦（香港）出版集團有限公司
香港九龍土瓜灣土瓜灣道86號順聯工業大廈6樓A室
電話：852-25086231 傳真：852-25789337
電子信箱：hkcite@biznetvigator.com
新馬發行所　城邦（馬新）出版集團
Cite（M）Sdn. Bhd.（458372U）
41, Jalan Radin Anum, Bandar Baru Seri Petaling,
57000 Kuala Lumpur, Malaysia.
電話：+6(03)-90563833 傳真：+6(03)-90576622
電子信箱：services@cite.my

一版一刷 2024年9月

城邦讀書花園
www.cite.com.tw

ISBN 978-626-315-538-1（紙本書）
EISBN 978-626-315-534-3（EPUB）


定價：NT420


國家圖書館出版品預行編目資料

離散的植物：原生、外來、入侵……環境歷史學家體察植物界的傳播與擴散, 探尋邊界、家、遷移及歸屬的意義／李潔珂（Jessica J. Lee）著；呂奕欣譯. -- 一版. -- 臺北市：臉譜，城邦文化出版；家庭傳媒城邦分公司發行, 2022.09
面； 公分. --（臉譜書房；FS0185）
譯自：TDispersals : On Plants, Borders, and Belonging
ISBN 978-626-315-538-1（平裝）
1.CST: 植物生態學 2.CST: 通俗作品
374 113010289

# 目次

# 給讀者的話

植物或民族從某個地方遷移到他方時，會發生什麼事？我們常以語言為框架，使用引進種（introduced species）、入侵種（invasive）、外來種（exotic）與雜草（weed）等詞。我們會說「移入植物」（plant immigrant）。這概念應用到人類身上時，往往就是「移民」。

二〇一八年，這個問題令我掛心，那時我正寫到在臺灣中央山脈的高山上所認識的地方物種，後來才知道，若在其他地方碰到一樣的物種，則這些物種會被當成有高度入侵性。我曾見過基因最接近的樹木的親屬，廣泛分布於整個世界，於是開始想，我是不是該比以前多思索這些植物。我曾到臺灣追尋我家族的移民故事，兩種情況感覺相似，即使稱不上一模一樣。

孩提時代，我曾見過祖母家的窗邊有歐洲知更鳥形狀的彩繪玻璃，下方掛著玻璃吊飾。每當陽光照射，吊飾折射出的彩色光束會在廚房牆面上舞動。這本書收錄的文章就像那樣：每篇文章裡，植物會打亮生活與世界的面向，無論是個人、政治、生態或科學等各個層面。這裡的植物在許多方面都算是移位（displaced）：有些被當成雜草，搭便車前往全世界；有些則是有價值的作物，是人類刻意從某處提取到另一處；有些則是文化上的人造物，是由人類看顧，或有技術科學性的植物育種（plant breeding）。這些故事提到的植物，只占地球植物的一小部分。我在書寫時，愈來愈清楚書中提到的樹木、灌木叢、草類、苔蘚與種子，本身就有力量，其所打造出的世界遠超過我能想像與詮釋。我們對世界的想像只是零碎的，對植物的語言也一樣零零星星。

在《在受傷星球生活的藝術》（*Arts of Living on a Damaged Planet*），生物學家安德利亞・賀吉諾（Andreas Hejnol）寫道：「比

喻向來是雙重束縛：讓我們看見之際，又讓注意力止步。」因此，雖然我提供的架構是「與地方格格不入的植物」，但文章未必能提供答案。我不是生態學家或園藝家，而是歷史學家，因此思索的問題是，我們對植物與地方的諸多想法究竟如何形成。我會細探一些故事，那些故事主要會談及物種，且是我們自己在全球遷移時會遇見的物種。身為作家，我會問，這些觀念究竟還適不適合我們。

寫作期間，我的生活正碰上一片混亂：從COVID-19疫情爆發之初，到二〇二二年底之間，我因為搬家，曾在兩個國家、三座城市的四間不同住宅之間遷徙。這些搬遷並非預先規畫好的，所以我在探究這些從原生地被連根拔起的植物時，比以往更能感受到漂泊之感。因此，這本書的個人時間軸也很零碎；就像我筆下的植物，我也是一邊遷移，一邊說故事。我開始動筆時是在柏林，之後在倫敦，然後是劍橋，接下來又出乎意料，再度回到柏林。這回我成了母親，覺得自己與世界的關係被劈裂，再重新組合。這些文章約略隨著生命的季節遞嬗，文章猶如四時流轉，一再循環。

當我寫下這段話給讀者你時，寒冷的季節已降臨。英國許多地方已覆蓋厚厚的積雪，而德國在聖誕節時下起雨。我家街道上的樺樹依然掛著黃色的葉子。

這些文章是寫給變動的世界。那些播遷的植物，或許能教導我們在世事變遷之後，活著究竟有什麼意義。

# 1 邊界

## 邊界，二〇二一年

現在是四月某個星期三上午，我獨自來到池塘邊。三個月前，我遠離這座池塘，靜靜待在公寓裡。我不再那麼不怕冷，走下梯子時有些猶豫。冰冷池水環繞在我腳踝，我的腳沒入黑暗中。池水清澈，平時在水中漂浮的沉澱物已靜止。我喉嚨吸飽空氣，身子一低，朝遠方前進，游出去時，向著淺水處而去：在柳樹（willow）下，我的雙腳刷過岸邊雜草。我覺得腳癢癢的。不多久，我已經氣喘吁吁。

池塘邊緣蘆葦（reed）叢生。春天，寒意猶存，蘆葦生長慢，尚末長到最高，但已打起精神，準備長出葉子、花苞，嫩芽即將展開。這就是邊界植物（marginal plant）。那些植物生長在水邊，是陸地與湖泊的邊界。這些植物的生長領地模糊、短暫，會隨著大雨而縮減，夏季乾旱時會奄奄一息。我一邊游，一邊觀察這些邊界植物。

說起邊界，就會想到邊緣，還有國界。這個字會讓人感受到紙張，也想到地方。我家三代都是移民，代代命運大不同：外公、外婆在國共內戰時失去第一個家，並放棄了他們第二個家，抱著一絲希望，想前往他方，覓得新機會。我的祖父母在年紀較大時移居，盼能離家人近一點。我父母兩人相遇時，都才剛到加拿大——之後，就是姊姊與我。我們的身上都帶著國界的色彩。不認識我們的人常會說，姊姊好像我那來自臺灣的母親，而我則是像出身威爾斯的父親。姊姊待在我們長大的城市，而我則不停遷徙。每隔幾年，我會打造一個家，然後離去，總在學習重新開始。

生長在兩種環境邊界的植物，勢必得靈活變通：不僅要屬於水世界，也要屬於乾燥陸地。其他生命也具備這樣的靈活度：那些生命被我們連根拔起，飄洋過海、流轉各地。那些生命會在落腳生長之處，被我們歸類為他者。

人們往往認為植物是靜態的。我們常用「生根」來形容植物，也用來描述屬於一個地方的人。但我想到種子、花朵、根與根莖時，想到的卻是**遷徙**。

那麼，格格不入的植物是什麼意思？

這座池塘（pond）從最字面的意思來看，並非自然生成，而是人為打造的地方。這池塘曾是弗利特河（River Fleet）的支流，在十七世紀開挖時是一連串水庫的其中一座。當時的人把黏土搗製成膠土，為這裡打造堅硬表面，供儲存飲用水。時至今日，這裡是一幅充滿田野風情的光景。人類打造池塘，種植出地景：這裡的樹木多半是在一九二〇與三〇年代種下，有橡樹（Oak）、山楂（hawthorn）、赤楊木（alder）。梧桐楓（sycamore）、冬青（holly）與紫杉（yew）。過去幾年，人們又改造池塘邊界：開挖以儲存逕流，並重新鋪設與種植原生植物，有蘆葦、睡蓮科（lilies）與千屈菜（loosestrife）。這個地方經過設計與維護，成為當前風景如畫的模樣。我在此處游泳時，發現自己置身於英國地景的理想畫面中——這裡得到悉心照料、用心栽培，是人類有意為之。

從科學角度看，這些原生植物屬於「溫帶池塘生境」（temperate pond habitat）。但是在我心中，它們也屬於更人為的架構：是屬於文化以及國家的。

## 湖泊效應，一九九四年

母親教會我，什麼是渴望。

我們在前往摩爾水生花園（Moore Water Gardens）造池用品店的途中，來到伊利湖（Lake Erie）附近，這條路就在流經鄰鎮的小溪邊。這裡設有幾座高出地面的小池塘，池中有店家販售的植物、魚類、蝸牛及石頭，潺潺流水聲不絕於耳。然而前往摩爾商店這件事，令我最常聯想到的卻是樹木：公路旁排列著綠牆，有刺槐（robinia）、雲杉（spruce）、臭椿（ailanthus）與松樹。在途中，某個地方的綠意會中斷，因為那邊停著一輛販售薯條的餐車，車身合板的油漆剝落。等母親在車上擺好植物，以及在透明塑膠袋中擺動身體的錦鯉，我們就會去買奶油糖口味的奶昔和帶皮薯條。空氣中飄著水草味，而我手指泛著油光，沾著鹽粒。

我的雙親在一九七〇年代移民到加拿大。他們符合社會對移民的期望：認真工作，為自己與家庭打造出富足的生活。父親總喜歡告訴我們，他沒讀什麼書，當年只帶二十塊錢就來這裡。他沒說的是，自己已有白人身分，有男子氣概，能操流利英語。我母親前來加拿大時，這些特質她都沒有。整體而言，他們可說是白手起家。我兩歲時，全家搬到郊區一棟四房住宅，後院延伸三十公尺，接著一片松林。會說這件事，是因為覺得這件事很重要：父母把自己扭曲為成功的形狀，無論那形狀是什麼。不過，母親強烈渴望能回到往日的生活方式。

她的渴望從室內開始展現，那是一間稱為「華室」（Chinese Room）的房間。這間房裡擺滿她從臺灣帶來的東西：鑲玉屏風、鼻煙壺蒐藏品、漆器家具，還有書畫卷。後來，在一九九〇年代初期，她的渴望往室外發展。最開始是打造一方小池塘，後來變成像小泳池這麼大：起初是從我們郊區院子的草皮上，鑿出不到一公尺長的長方形。母親在邊緣以石頭點綴，還在小石堆上拉管線，打造瀑布。橡膠水池墊使得水猶如黑墨，幸好靠從摩爾買回的淺色花瓣，能增添繽紛。粉色與白色的睡蓮科植物（waterlily）宛如星星從水面升起到上方。還有綴著黃心的淡紫色布袋蓮（hyacinth），以及絲絨般的浮萍層（duckweed）。母親很拚命，為了讓植物在池中的排列精準到位，還親自涉入水中移動盆子，以小石壓著每一株植物。她會把在中國城討價還價買來的華麗中式水缸，悉心擺放在屋後露臺與池塘，並種植紙莎草（paper reed）與鳶尾（iris），水芙蓉（water lettuce）在其間漂浮。

植物把更遼闊的世界帶進了我家池塘：紙莎草原生於尼羅河三角洲，如今在當地幾乎已滅絕。然而，有人把紙莎草當成裝飾性植物，引進到其他地方，紙莎草便茂盛生長起來。隨著地球暖化，紙莎草的生長範圍也在擴大。水芙蓉的原生地並非我們所在的北半球，然而會隨著人類的活動範圍，幾乎是循著世上所有的航道擴散。這兩種植物可能被視為入侵種，端視於你在哪裡找到這些植物。兩種植物都是靠著我們人類的手傳播出去的。

這座池塘反映著他方的景致，但在加拿大安大略省倫敦的我家後院，母親創造了她認為是家的東西。

加拿大雪帶的冬季氣候凜冽，氣流經過五大湖的溫暖空氣之後，暴風雪就在此醞釀。這就是所謂的大湖效應（Lake Effect）。每年冬天總是大雪紛飛的光景。我家池塘太淺，無法讓魚留在室外，因此一到十月，在寒氣真正降臨之前，我家室外會排著好多白色塑膠桶與綠網子。我們會把每條錦鯉撈進裝了池塘水的桶中，再一一搬進室內，放進飯廳長兩公尺的魚缸裡。母親嘟嘴，以透明塑膠管吸起桶中的池塘水，灌進水族箱，悉心在室內打造出戶外棲息地。於是每逢冬天，我會花時間觀察玻璃後面的魚，記住每條魚的花紋、習性與習慣。我看著錦鯉在魚缸邊搖擺，從鏡子般的表面擦去藻類。真好奇錦鯉如何看待這玻璃世界？這四周是燈光照亮的房子，到處鋪著白磁磚。錦鯉會不會思念戶外？會想念池塘底部的淤泥嗎？

我十二歲時，父母離異。母親帶走中式養花水缸，搬到城鎮另一頭的公寓。池塘與錦鯉受困在後院，留給父親。但現在，錦鯉長得好大，無法容身於小池塘，也不能在室內魚缸過冬。於是父親找來包商，挖出更深更大的水塘。他們徒手掘土，挖了兩個星期。花園裡出現一座座土堆，最後由石頭和灌木掩覆其上。

新池塘比之前的要深，就算天冷，錦鯉還是可待在池底。某個星期六，爸爸與我開車到鎮上西邊的牽引機供應公司（TSC）農場用品店，去買飼料槽加熱器。之後，整個冬天水溫會保持溫暖。我母親的魚再也不必年度大遷徙了。

## 水路，二〇一二年

水向來有如石頭般銳利的一面：冰冷、光滑、深黑。光只能抵達一定的深度，一碰到底部長出的植物時，就會折射出銅色光。塞文河（Severn River）流經小屋時，對我來說感覺更像座湖：波瀾不興，寧靜如鏡。此時水面彷彿被包圍，雖然事實上，這條河還會前進三百公里。我在那裡游泳，以為這地方遺世獨立。然而，水草卻告訴我另一個故事。

時值五月，每年這個時候我都會造訪繼母的小屋，這天是第一個週末。我們洗洗刷刷冬天對這裡造成的傷害、更換露臺、疏通管道。那一年，我們得把碼頭下通往屋子的水管拉起，這也表示要把河岸一段淺水區的草拔乾淨。每年的這時候，沒有人會下水，畢竟雪才剛融，水溫僅僅十一度——所以，不怕冷的我自然得扛起這件任務。

我皮膚刺痛，吃力將耙子按入水中，耙除水管上生長的雜草。我愈往深處去，就愈覺得不可行，乾脆伸手拔草。一捲捲綠色生命，邊緣又皺又軟，在水管周圍糾結纏繞。我拔起葉狀體，細細探看，每一片都展開成小小的輪生排列。聚藻（European water milfoil）在淺水處密集叢生，是這區域公認最糟的入侵種，或許只有斑馬貽貝（zebra mussel）能與之相比。

有害、非原生、入侵——這些字眼似乎不適合形容聚藻這種看似嬌弱的植物。然而，這些字也影響我如何看待它。聚藻對生態造成深遠衝擊，排擠了原生的狐尾藻屬物種，繼而破壞仰賴原生狐尾藻屬的無脊椎動物棲地。原生於歐洲、亞洲與北非的聚藻，究竟如何來到安大略省中央的水路，依然不得而知。早期研究指出，聚藻是在一九四○年代初期混入壓艙水，而親緣地理學家則主張，聚藻是在一九六○年代透過船隻從亞洲傳播而來。自此之後，聚藻一直對此地區造成困擾。

我知道必須拔除聚藻。如果讓聚藻留在原地，任其生長，則這裡的淺水區會變得深色缺氧，而我們仰賴的水管與交通工具都可能堵塞。我把聚藻放在乾燥地面時，只見它攤成一團綠綠的東西，但是再把它沒入水中時，聚藻又伸展開來，細細嫩嫩，充滿生氣。我從河床上拔起成堆的聚藻，扔進火中當柴燒。但我忍不住讚嘆聚藻之美：好想看看它在原生地、在**當地**生長的樣子，這樣我看見聚藻時，就不會只想到其所造成的傷害。

## 故宮博物院，二〇一三年

故宮博物院前的水池上有步道蜿蜒，冬雨將石頭淋得濕滑。我們撐著傘，只見傘隨著我們的身體上下移動，因為我們會從橋邊彎腰，一瞥下方的生物：有橘白夾雜的錦鯉；還有荷花，荷葉在一片灰茫中點綴出綠意。那天，母親對庭園的興趣，大於對館藏的關注，在瞥過裝在玻璃箱裡的文物後，她就催促我們來到外頭，因為至善園讓她心有所感。可能是渴望，或是歸屬。花園能帶來身分認同感嗎？在池塘與小徑、植物與人的安排當中，自我感會油然而生嗎？母親似乎是這樣想。

「真是**古色古香**，」她不斷說著，「寧靜安適。」於是，我想到母親在我小時候打造的池塘，以及華室，還有她運用的那些小技巧，設法把臺灣帶進我們的郊區住宅裡。

這就是她想要的嗎？故宮博物院庭園的設計是仿宋明的中式園林：形狀不規則的池水上有亭閣樓臺、曲折小橋，景觀如詩般展開。我家的小後院不可能達到這所需要的規模，無法如此曲折有致，讓人在其中穿梭時感覺花園像地圖一般展開。但我看得出來，我家花園裡的石頭與植物排列方式，有這座園林的痕跡。這些細節讓母親在家中安頓下來，讓她在其他地方生根。

正因如此，母親一擁有另一個家與另一座花園時，就馬上取出水缸，在裡頭放進植物。她挖了另一座水池，又立起小小牌坊與大棚架，為景致加上框架。每年夏天，她會清理池塘，直接入池涉水，手腳上纏繞著綠色植物。不久，錦鯉就認出母親的腳步聲會在每天相同時刻出現，於是擠到水面，等待餵食。母親會以手餵魚，將手臂沒入水中，深度剛好讓手臂模糊。

## 日食，二〇二一年

時值六月，水已經變暖，成為絲滑的撫慰。今天天氣算不上特別好，但還是有許多女人來到這裡。那是星期四早上，我就在早晨與中午之間的模糊時段來到這裡游個泳，讓這天喘口氣。

今天有日食。我該待在書桌前工作，但我想從水上觀察天空。於是，在月球通過地球與太陽之間的前幾分鐘，我游進池塘。池塘很熱鬧，所有女子都順時針朝著遠方游去，之後再沿著草原岸邊游回來。白雲點綴天空。當日食的影子經過時——一丁一點啃食著正午的日光——我繼續游，也看著女子背對著太陽游泳。夏季花朵綻放，往草原邊緣蔓延。白冠水雞（coot）、黑水雞（moorhen）與鴛鴦在碼頭出沒，擺動身體，盼能撿救生員的食物來吃。

即使在池塘裡，邊界也難以掌控。射干菖蒲（Crocosmia）那緋紅色成串的花序與鮮綠的葉片就生長在這裡的下游處。射干菖蒲是常見的花園植物，原生於南非，英國《野生動物與鄉村法》（Wildlife and Countryside）將其列為野生的入侵植物。在這一串湖泊當中，有一處湖泊位於籬笆圈起的鳥類保護區邊緣，那裡有大豬草（giant hogweed）生長。大豬草應算是英國最好認的入侵物種了。這裡的邊界悉心種植了英國的原生植物，而其他物種會被連根拔起並受到控制。

土地管理者希望透過種植蘆葦，以及水薄荷（water mint）之類的邊界植物，將池塘化身為更好的棲地，若這個地方有更廣的邊界植物，就更適合水蛇及大冠蠑螈築巢，這種蠑螈分布於整個歐洲，是需要保護的脆弱物種。這裡生長的植物或許不起眼——對許多人來說，就只是一堆棕色與綠色的濱水植物——然而這些植物很重要。少了這些邊界植物，池塘就無法容納所有想在這裡找個家的生物。

## 湖泊，二〇一八年

我們從布蘭登堡一角的營地划船，從一條有樹蔭的窄溪，來到風更大的寬闊湖泊。小小的波浪興起，帶著節奏，推著我們的划艇往西前進。我在這座德國的湖泊高原划船很多次了，游泳的次數更多，然而身處於水中央所望見的景色，仍讓我精神抖擻；我遠離乾燥的土地，也遠離略略碰觸這一帶的道路與小徑。在德國東部森林的土地和樹根之下，以水為媒介能讓人以不同角度觀察到更多事物。我在這裡可清楚看見淡水生物。在我們輕柔的尾波後方，有白色與奶油黃的百合（lily）搖曳。蓮蓬（lotus seed head）鼓起，上頭有洞——讓我神遊想到了食物，比如撒了辣椒的蓮藕沙拉，還有蓮子甜湯。我們下方的龍鬚草（sago pondweed）宛如茴香葉（fennel frond）在水下串起。三不五時，我的船槳就會拉起一叢龍鬚草，我會把草莖繞在指間。那麼翠綠，那麼嬌嫩。

但我後來得知，龍鬚草比看起來更為堅強，既能好端端生長在寧靜的湖泊，也樂於生長在河川、運河、水溝與半鹹水潟湖中。在混濁的環境裡，諸如龍鬚草這種水生植物能幫水恢復到相對清澈、健康時期的樣態。一九八〇年代晚期，這個區域最大的湖泊之一開始從優養化復原，而龍鬚草就是最早重回這座湖泊定殖、慢慢茂盛生長的物種之一，即使水中缺氧也能生存下來。

龍鬚草的原生範圍分布圖幾乎含納了整個地球；除了南極洲之外，每個大陸都見得到龍鬚草的蹤跡。我查看可稱為龍鬚草家鄉的國家，結果是一大段密密麻麻的地名，從阿富汗（Afghanistan）到辛巴威（Zimbabwe）都包括在其中，夏威夷則是以紫色字突顯，因為龍鬚草只有在這裡被視為引進的植物。龍鬚草的分布範圍被描述為「世界廣布種」。

成為世界公民物種，是什麼意思？龍鬚草活在自由遷移的旗幟下，然而這個世界卻有愈來愈多的邊界標示。不過，自然界傾向對抗我們武斷畫下的地理邊界，而我們透過遷移，同樣也逾越了我們使用的國界。

我在十八歲時，第一次思考什麼是世界性，那時我手上抓著一本粉紅色的口袋書，作者是雅克・德希達（Jacques Derrida，譯註：二十世紀最重要的解構主義大師之一）。我讀到，若要談論世界性，就需要討論款待（hospitality），也就是待在當地的人擺出歡迎的姿態。

對於那些遷移的人來說，遷移的現實大不相同。一直要到一九二〇年代，護照才第一次出現全球同意的國際標準，那時正處於第一次世界大戰的餘波中。然而植物隔離檢疫的規定，卻在幾十年前便已出現。隨著對於植物病蟲害及控制措施的知識日益提升，在十九世紀末、二十世紀初，控制植物跨境移動的措施已廣為執行，英國、美國、加拿大、法國、德國、荷蘭等國家，都有國家級的法律來控管病蟲害與隔離檢疫措施。但是，如果不是清清楚楚符合地圖所繪製的世界呢？並不是所有的護照都給予相同的通行權。有些物種——例如龍鬚草——可能同時屬於每個地方。

雖然我會遷徙，就像我的父母與祖父母那樣，但我並不想四處流徙，到處為家。朋友們都在購屋，也問起我的電話號碼哪支打得通，哪支可刪除。然而，我還是到處遷徙。每回遷移時，我發現自己好懷念以往待過的地方，無法完全將它洗去。我是我母親的女兒，在每個地方尋找池塘。

當我讀到龍鬚草在那座柏林湖泊的再拓殖（recolonisation）時，這才明白，原來龍鬚草不是靠著種子擴張，而是藉湖床下的塊莖拓展範圍，緩慢卻又持續。既移動、又根深蒂固是什麼意思——擁有橫跨大陸的根？

## 河流，二〇二二年

在保育的領域裡，「有魅力的大型動物群」（charismatic megafauna）指的是那些廣泛吸引著人類的動物，可望贏得廣大民眾的關注與想像。這些動物會成為慈善活動的主訴求：虎、象、貓熊、北極熊都是例子。棲地保育就可能是以這些動物為基礎。

二〇一八年，有一項研究列出二十種最有魅力的物種，沒有一種是生活在淡水中。即使有三分之一的淡水魚類目前面臨滅絕，但卻沒有保育活動是為了保護鱘魚或鯰魚而推動。生活在這些棲地的植物更是乏人問津：例如雪花草（water violet）、小石松（marsh clubmoss）與匍匐水芹（creeping marshwort），以及諸多植物。

有一段時間，我在康河（River Cam）游泳。在格蘭契斯特村（Grantchester）有一座可移動的梯子，鬆散的泳者團體會把梯子放到河床上，他們有時會帶工具到河岸，在梯子的踏腳處敲打鬆脫的釘子、更換生銹絞鍊。有時候，他們會把整座梯子換掉——有幾個月是金屬工作梯，更多時候則是木梯。每個星期，我會發現梯子出現在二十公尺長的凹凸河岸的某處，塞在蕁麻屬與濱水植物之間的泥土中。有時候，當水位沿著這片沖積平原浮動時，就完全找不到梯子在哪裡。

幸運的日子裡，我會和鄰居貝琪一同在河岸俱樂部游泳，那裡的深水區有比較多穩固的梯子。康河的這一段挺狹窄的，兩岸有擋土牆，也有濃密的草木遮蔭。春天時，志工會在每座梯子周圍種植野花，於是每當我下水，就好像走進色彩之中。

在這裡游泳，不免會思考河水的健康。每隔幾個月，就會有新聞報導污水外流到康河的情況。有個地方性的泳者社團會向成員彼此更新雨天的排放情況，在地圖上標示出最安全的游泳地點。在上游，保育者已開始倒入碎石，加上圍欄，在水邊建立新的飲水區供牲口飲用，希望保留河岸尚存的邊界植物。他們把喜馬拉雅鳳仙花

（Himalayan balsam）從河岸移除，之前也耗時多年，移除水中的北美入侵物種：漂浮雷公根（floating pennywort）。再往下游、穿過耶穌綠地公園（Jesus Green）的地方，市府提議把一處淡水溝渠改造為「新濕地區」。把混凝土岸改為以濕地植物取代，似乎是理想的做法——到後來才發現，瀕危動物水鼩會在混凝土堤後面築巢。邊緣的複雜性，果然超過城市規畫者願意承認的程度。

盛夏時分，我忙裡偷閒一小時，跑去探索哈德森宅（Hodson's Folly）。兩個生物系學生主辦了植物學游泳活動（botanical swim），要對參加者授予他們稱為第一個、也是絕無僅有的植物學泳者證書。他們發了證書給每一位參與者，還有精美剪貼與金色印章，顯得相當正式。那天的氣溫創下當年新高——三十二度——至少有二十個泳者現身。

我們噗通跳進水中，要避開不時出現的平底船，以及從附近橋上跳下來的青少年。我們沿著河岸游泳，學著認識眼前濱岸帶（riparian zone）的物種——構成河岸灌木叢的山茱萸屬（dogwood），以及在上方垂俯的柳樹。對岸有一部分長了黃菖蒲（yellow iris）。我們一一把纏在手腳上的水草拿起來，帶隊的人負責辨識。他們踩著水，幫附近生長的植物點名：慈菇（arrowhead）與驢蹄草（marsh marigold）、千屈菜與水薄荷。還有苦草（tape grass）。他們說，這物種不是英國原生種，而在氣候變遷的衝擊下，**可能**變成帶來問題的入侵種。但就目前來說，這物種有其他功用：在這裡，苦草有助於鞏固河岸的完整度，能深入沉澱層，甚至增加溶氧。他們說，在其他地方，苦草常用來控制侵蝕。那麼，該如何看待在此出現的苦草？我用手指梳起苦草，感覺這綠色生命在水中幾乎沒有重量。而我沒有答案。

我朝著石岸划回來，想起母親——小時候，我看過她爬進後院的池塘，腳踝踏進水窪，抓起米諾魚和蝌蚪。母親的淡水牧歌看起來絲毫不像這棟十九世紀的建築，其主人身為父親，想讓女兒能在裡頭安全游泳。不過，我想她會讓人喜歡這個地方。我在河流、池塘、湖泊游泳的區段，不知怎地都會讓人想起摩爾造池用品店、鹽巴與奶油糖的滋味、龍鬚草的氣味，以及魚鱗的光亮。我想起母親渴望重新為自己打造出的美。母親發現邊界植物的魅力，而我從她身上學會去愛。

# 2 邊界之樹

柏林是座蓋在沙上的石之城。人行道上的卵石以不規則的角度排列，或灰色、或赤褐、或白鑞、或棕色。城市原本有混凝土牆穿過，那是毫無計畫、匆忙建立的牆體，陰暗的疆界圍牆與圍籬長達百哩。未翻新的老公寓是奇特的米灰色調（greige）——塵土與黏膩煙霧的顏色。一年中，許多時候天空看起來都一樣，銀色，不飽和。但我漸漸把柏林與一種奇特的粉紅色聯想起來：像吊鐘花（fuchsia）的夕陽霞紅，或櫻桃在白色冰淇淋上蕩漾的漣漪。這城市的春天有撩人的顏色，就像泡泡糖或五彩紙屑。花朵如雲一般籠罩著樹木。

我在這座城市的第一個家是位於街角的老公寓，就在貝瑙爾大街地鐵站（Bernauer Straße U-Bahn）旁，它讓我想起《竊聽風暴》（*The Lives of Others*）這部電影。房東是個美國藝術家，他以復古的東德家具裝飾房子，房間也沒有翻新。樓地板並不穩固，灰泥剝落（在這城市就能以「創意」一詞簡單帶過），從陽臺可眺望柏林圍牆原址步道。我搬進去的那天，房東讓我看地窖——他說，這裡的人曾經挖掘逃難隧道，講得好像這樣會讓人更想租——並朝著公寓的儲藏間一比。我忍不住盯著牆，看著磚與灰泥補過的部分。我再也沒走進地窖。

剛開始住在這個城市的那幾個月，我本來是要寫作的。但我更喜歡沿著圍牆路散步、騎單車。部分原因是圍牆之路就在那邊。但也可以說，因為我想告訴自己，我留意著**歷史**。我不願成為只為了夜生活才搬到這座城市的人——這倒也不是說不能有夜生活。我覺得，自己欠這座城市一些嚴肅以對的態度。

圍牆路（Mauerweg）穿過這座城市的舊邊界，沿著森林道路、城市街道與湖泊深處延伸。在死亡帶（death strip）尚未蓋滿新公寓之前，我家附近有樺木與臭椿零星分布，又瘦又小。在我前往商店、漫步喝咖啡，以及買花與外帶食物的時候，會仔細觀察這些樹木。在城市邊緣、柏林圍牆深入郊區之處，人造林的松樹（pine）細瘦蒼翠，昂然而立。

在柏林這座城市，有牌匾標示著圍牆過去的範圍。我在湖中游泳而過，好奇哪個邊界是在水中劃定的。圍牆路這個空間會讓我們悲痛，在某些方面也應該如此。但我後來得知，春天時，這裡也是櫻樹（cherry tree）生長的地方。

一九八九年柏林圍牆倒塌，日本朝日電視臺發起一項運動，共捐贈一萬棵櫻花樹給柏林，種在圍牆原址留下象徵意義的空間：花朵表示讓分裂的城市再度統一。後來，柏林的其他街道也種起櫻花。櫻花樹排列在我住的老社區街道邊、種在我上一棟公寓的院子裡，也點綴著附近公園的草坪。春天時，在圍牆最多人造訪的地段，明亮的花朵在樹上成簇綻放，呼喚當地人走出冬天那片沉重的灰暗。

我住在那裡，度過了六個春天；那段時間裡，生活的喜悅超乎我的想像。在櫻花樹間漫步尤其愉快。每一年，我都想要用力吸收櫻花的色彩與美，彷彿這樣就能繼續享受一整年。在這一度讓人覺得沉重得難以承受的城市，櫻花超乎想像輕盈，甚至毫無重量。

我說的是櫻花（cherry blossom），但植物學上的科名是源自於薔薇（rose）：薔薇科（Rosaceae）。薔薇科通常美豔動人，許多薔薇科的花朵與果實相當馳名，例如玫瑰、花楸（rowan）、覆盆子（raspberry）；山楂樹與繡線菊（meadowsweet）。薔薇科名列世上最具經濟與美學價值的物種，有蘋果（apple）、扁桃（almond；

杏仁果）、杏（apricot），還有李子（plum）、桃子（peach）、梨子（pear）。櫻樹是薔薇科李屬（*Prunus*），其中包括結出果子的品種，以及具觀賞價值的品種。櫻樹的歷史可說是遷移的歷史：會結出食用果實的歐洲栽培種被定居殖民者帶到北美，而耐寒的北美木材櫻樹則正好反其道而行。至於觀賞用的通常會以日文：sakura為人所知，也同樣展現出轉瞬即逝的特性。這些樹都是旅行過的樹。

櫻花的種類很多：中國、韓國與日本的野生山櫻花（wild mountain species）已培養出四百多個品種。要精準追溯這些櫻樹的譜系與命名，向來非常複雜，觀賞用栽培種櫻花比較常被歸類為**里櫻**（Sato-Zakura）。雖然確切名稱很難明確說明，但一般種植在城市街道上的是各種山櫻（*Prunus serrulata*）的品種，以重瓣有摺邊的花朵聞名；中國櫻桃（*Prunus pseudocerasus*）則有扁平攤開的花朵；江戶彼岸櫻（*Prunus × subhirtella*）是在冬天綻放櫻花；或者最常見的染井吉野櫻（Somei-Yoshino、*Prunus × yedoensis*）則有粉嫩的粉白色花瓣。

或許是櫻花的開花季短暫，很容易完全錯過，因此在十八世紀，西方負責採集植物任務的旅人往往在初次見到櫻花樹時予以忽視，而他們比較偏好可食用的種類。早在十九世紀初，已有觀賞用的櫻花樹樣本送到西方的植物學會，但直到將近百年後，櫻花樹才在西方廣為人知。歐洲旅人前往日本、中國與韓國，一旦看見櫻花，就會感動寫下讚頌的文章。十九世紀植物學家約翰．林德利（John Lindley，一七九九－一八六五年）就曾如此描述山櫻花：「我認識的耐寒植物中，這是最具觀賞性的其中一種。」羅伯．福鈞（Robert Fortune，譯註：一八一二－一八八〇年，曾受雇於東印度公司到中國盜茶）——蘇格蘭植物採集人，在整個東亞採集植物，因而聲名大噪——也描述重瓣櫻是「最美的東西，開滿和小玫瑰一樣大的花朵」，還驚奇看著櫻花花瓣飄落時，「宛如雪花片片。」瑪麗．斯托普斯（Marie Stopes）是英國婦女參政運動人士、科學家與優生學家，她在重述一九〇七年造訪日本的經歷時，就說櫻花「宛如夕陽染紅的龐大雲朵」，而在「親吻花朵時，會感覺到有如打發鮮奶油的觸感。」英國植物採集者柯林伍德・英葛蘭姆（Collingwood Ingram）就因為採集並保護受到威脅的幾種櫻花而聞名，還說櫻花樹「無比美麗……開花時嬌美，細膩的色彩與樣態能打動一個人的愛美之心，沒有其他事物可比擬。」

雖然西方人屢屢感到新奇，但櫻花長久以來皆在日本文化占有中心地位。因此在一八九三年，一本寫給日本年輕植物學家的手冊在解釋樹木解剖學時，僅以櫻花為參考點，說明其葉子、根、樹枝，把櫻花樹當成日本樹木的原型。櫻花也有專屬的慶祝祭典，這樣的慶典說明了櫻花數個世紀以來，在農耕文化宇宙觀中的地位：健康準時開花，代表這一年稻米會豐收。在八世紀之後，日本皇室開始舉辦年度花季，「花見」在城市居民之間也愈來愈受歡迎，許多人會吟詩作對，談起花朵轉瞬即逝之美。經過幾個世紀之後，這個春日活動就專屬於賞櫻，也就是欣賞日文中所謂的「花之王／花之后」，即使花見活動過去尚納入許多其他花朵。

到十九世紀晚期與二十世紀之交，日本在第一次中日戰爭獲勝，因此鄰近日本的臺灣落入其掌控。一九〇五年，日本也占領韓國。正當日本占領附近鄰國的範圍達到巔峰之際——與西方的殖民行為不無類似——也與歐洲和北美強權培養關係。贈送櫻花樹成為日本外交的重要元素。一九〇九年，美國旅遊作家伊萊莎．斯基德摩爾（Eliza Scidmore）長久以來深愛櫻花，遂建議第一夫人海倫．塔夫脫（Helen Taft）在華盛頓特區種植櫻花。兩年前，威廉．霍華德．塔夫脫（William Howard Taft）與妻子一同前往日本時，海倫就深受櫻花吸引，於是很快接受斯基德摩爾的建議，與日本大使館著手安排。投入了龐大的外交努力——包括一九〇九年冬天，兩千棵櫻花樹初次啟航，但抵達後才一個月，就因為病蟲害而得焚毀——計畫終於啟動。第二趟是由東京都贈送櫻花，代表日本給予美國的贈禮，在一九一二年達美國。那一年，總共有三千棵樹沿著華盛頓特區的潮汐湖（Tidal Basin）與波多馬克河（Potomac River）種植，代表締結友誼之禮。

白宮後來回贈山茱萸。

在我稱為家鄉的城市，也曾經獲贈樹木：一九五九年，第一代日裔加拿大人與日本領事館共同推動計畫，贈送多倫多兩千株染井吉野櫻。二〇一九年，英國獲贈超過六千株的櫻花樹，首先在倫敦幾座皇家公園栽種，另外還有許多是在全英國種植。幾千株在前柏林邊界種植的櫻花，只是栽種的眾多櫻花的一部分，後來尚有許多櫻花以友誼與外交之名種植、包裝、搭船或飛機，足跡遍及全球。

不過，櫻花的象徵未必那麼一目了然。櫻花代表生命力，這個意涵延續了好幾個世紀，然而在十九世紀末，櫻花飄落的花瓣恰恰變成相反的意思：死亡。「日本軍國主義最重要的比喻，」人類學家大貫惠美子（Emiko Ohnuki-Tierney）說，「是說一個人要像飄落的美麗櫻花瓣，為天皇而死。」

隨著日本帝國勢力擴張，櫻花的黑暗理想也擴張了。十九世紀末的哲學家與軍國主義者西周（Nishi Amane）明確把櫻花定位為與牡丹（peony）和木槿（rose of Sharon）相對立——後兩者分別是中國與韓國的象徵——指出櫻花會在凋零之前，就好好從樹上飄落。西周的思維對於皇軍的基礎而言很重要。他認為，櫻花代表日本這國家與人民的美德與優越特質。到了第二次中日戰爭與第二次世界大戰，櫻花與帝國的連結鞏固了：日本軍機上畫著一朵櫻花圖徽，女人也帶著開著櫻花的樹枝向飛行員揮舞道別，而特別攻擊隊的飛行員會在胸前別著櫻花，飛向死亡。

櫻花不僅被當作象徵：日本在其占領的韓國與臺灣等領土，都種下許多真正的櫻花樹，還找出原本已經種植的櫻樹，予以維護。這種對於地景的干預，是希望把殖民地變成日本的土地，繼而啟發人民的轉變。所以他們在韓國原生的濟州櫻（king cherry tree，*Prunus × nudiflora*）之間，又種植了各種日本櫻。一九九五年，日本於第二次世界大戰投降了五十年之後，首爾景福宮將日本人種植的櫻花砍除。殖民遺緒依然和櫻花有象徵性的密切連結，即使其美麗仍舊受人歌頌。

在臺灣，山櫻花（*Prunus campanulata*）是原生物種，而染井吉野櫻則在城市種植，在宮廟與佛寺都見得到蹤影。然而，臺灣的季節和日本並不一樣，當地顯然溫暖得多，早在一月底或二月中櫻樹就會開花，通常會碰上春節（農曆年）。

在日本投降、把臺灣交給國民黨——另一群殖民者——之後的幾十年，我家人會發現自己就身處於這些樹木之間。在冬季步入尾聲、春季即將來臨的交界時節，我母親會跟著父母踏上陽明山賞花，那時幾乎整個臺北的人都出動了。我母親的童年不算快樂，然而這段記憶卻格外突出。他們很少全家出遊——外公在空軍服役，住在車程好幾個小時之外的地方——但是每年賞櫻的行程，我母親就會有雙親相伴。外公會讓母親坐在他肩上。對母親來說，櫻花代表的就只是輕輕盈盈，代表著愛。她不會想到花瓣飄落，或是任何死亡氣息。

以大自然的遷移來服膺帝國主義與國家主義，並不是日本的專利。環境史學家克羅斯比（Alfred Crosby）曾提出知名的主張，認為探索時代不僅把「新世界」的植物，例如馬鈴薯（potato）、番茄（tomato）與菸草（tobacco）帶回歐洲，也把歐洲植物種植到新獲得的殖民地土壤。歐洲赤松（Scots pine）、蒲公英（dandelion）與常春藤（English ivy）都從歐洲來到北美，而在印度，非原生種的引進則可追溯回英屬東印度公司的植物園。殖民地建立了，殖民者惦記著的家鄉植物也跟著到來。

透過神話創造與象徵主義，自然界就代表著人類力量的理想：櫻花象徵日本對天皇的忠誠，橡樹（oak）則代表英國的堅忍。白頭海鵰象徵美國人的自由精神，但在德國，鷹依然帶著有問題的形象：帝國鷹（Reichsadler）從十九世紀末以來就是力量的象徵，如今因為過去納粹曾引以為象徵，新納粹主義者又持續沿用，因此不免遭到污名化。這兩種鷹並不相同：原本帝國鷹的圖案經過重新設計，至今依然會用新的設計樣式，是老鷹張開優雅有弧度的翅膀。但是納粹的符號則剛好相反，是一隻僵硬的老鷹站在納粹萬字符上，翅膀在地平線上奮力張開，從過去到現在都傳達著深刻的恨意。

人類以外的自然界——從花到鳥類——依然承載著人類歷史的包袱，在我看來似乎不公平。這樣頂多是把人類的敘事放到一個遠比我們更複雜的世界。不過，經我們改變的世界已無法逆轉；人類在世界各地移植與引介物種時，鮮少會顧慮到以公平為準，而我知道這樣的思考方向是太天真了。羅瑞・薩伏依（Lauret Savoy）曾在她思慮縝密的回憶錄《痕跡》（*Trace*）中寫到，人類企圖在「一個蒐集人類的殖民世界，也從中蒐集異國動植物」，藉此為自然賦予秩序。在人類的行為之後，樹木提醒我們，自然不是中性的，荒野不會是一片空白。不過，我還是好奇這些我們打造出來的象徵，會如何回應我們訴說與之相關的故事。

科學家如今透過櫻花，發現到比過往的意象更關鍵、更有潛力的東西。隨著地球暖化，櫻花儼然成為人為氣候變遷的哨兵。

東京靖國神社是專門紀念為帝國捐軀的軍人的地方，這裡有一株櫻花樹成為所有櫻花樹的代表。靖國神社的櫻花標本木是有幾十年樹齡的染井吉野櫻，會用來衡量櫻花季的起始點與盛開期。但是一棵樹木不足以衡量世界的變化，因此至少從一九三〇年代開始，日本科學家就已開始整理櫻花祭的資料：櫻花祭的歷史時間點可以提供獨一無二的洞見，說明長久以來的溫度變化。關於日本櫻花祭的敘述，也比開花樹木的常見資料集要久遠得多，從十五、十六世紀開始就有豐富的紀錄，有些甚至可以追溯回九世紀。這些紀錄追溯到的時期，是櫻花曾標記著農業年度，以及象徵生命力與浪漫的年代，還有承擔著軍國主義陰暗色澤的那幾十年。從幾個世紀前的日記與宮廷紀錄，都可看出以前氣候較涼爽的痕跡。

資料顯示，櫻花通常從三月底到五月初開放六個星期。就如同歷史上的開花時間點往往可以預示農作豐收或欠收，過去的櫻花樹也給了我們顯而易見的警告。到了一九八〇至一九九〇年代，櫻花樹開始一直都比過去一千兩百年還要提早開花。

二〇一九年十二月，在全世界的人幾乎都待在室內前的幾個月，人在柏林的我常出門走走。大部分的日子，氣溫離冰天雪地還很遠。連續兩年冬天，我都把我的派克大衣留在真空袋，放在床底下；第二年根本沒有下雪。樹木回應了。這年，附近公園在秋天開放的櫻花，比我過去看見的都還要盛開。一年前，我讀到日本的櫻花樹在十月開放，因為那一年來的氣溫在極端氣候之下欺騙了櫻花。我無法不去想，在秋天看見櫻花色彩有多奇怪。我家附近公園的櫻花在年節假期都有開花，冬天開了整整十個星期。這些花朵比春天的要小，大概只有四分之一，但是形狀完整，花瓣緊密堆疊，綻放冷光。白色花瓣取代雪花，在一月鋪滿地面。

等到櫻花再度於三月綻放之際，新冠肺炎疫情已經來襲。先生與我戴上口罩與墨鏡，沿著圍牆路的櫻花樹下遛狗。在灰濛濛的天空下，粉嫩花朵令人著迷。這是一塊留有失落痕跡的土地。樹木將樹根延伸到土地之下，或許漫不經心地，在路面撒下花瓣。那年春天，我訝異發現，櫻花能承載加諸其上的歷史重量，即使是那麼短暫，之後才翩翩飄落。

# 3 邊境

## 摹寫探險家

探險家進場。他的船以橡樹與榆樹（elm）打造，桅杆則是松樹與冷杉（fir）構成。他會乘著鋼造之船，名叫奮進號、皮薩羅、烏托納瓦。他會來自倫敦、柏林、堪薩斯的一座城鎮。

探險家登場。他帶著一本筆記本、一把刀、一百磅的紙張，還有沃德箱。他還帶了一支軍隊，船隻就在靠近大溪地、委內瑞拉、馬拉波的地方登陸。

這是探險家，會留名青史的探險家。

## 對世界的想像

我四歲時，父親在地下室裝了一座書架：橡木書架倚靠著深綠色的牆。父母都不愛讀書，但是父親很喜歡地理，書架上擺滿地圖。我年紀小小就開始看地圖，因為他希望姊姊與我學看地圖。母親看不懂地圖，父親怎麼教都教不會。於是，從我們年紀很小的時候，父親就教我們方位基點、如何使用羅盤、如何參閱地圖集。他把地圖集收在副駕駛座前的手套盒，還有汽車後座。他還蒐藏了看起來古舊的地球儀，這種設計是為了看起來更真實。他把每張地圖的縫隙都壓好，確保紙張正確折疊。

他在書架上蒐藏地圖及與折疊好的紙張、有配圖的文章，以及遊記。書架上剩餘的空間，就擺上傳記與實用指南——如何培養商業頭腦、如何在社會上當成功的人——還有累積十年份的雜誌。

我還在學認字時，《國家地理雜誌》（*National Geographic*）彷彿一扇門，讓我進入另一個世界，我可以慢慢看圖片，用手指指著認識的文字讀下去。父親不喜歡他未在一旁看著時，我一個人取出書架上的地圖——我總是在摺疊地圖時出錯，洩氣地把紙張對摺錯面——不過，我可以讀雜誌。所以我把書架上的雜誌一本本拿下來看，每一本的黃色書背都透露著一幅光景，那是我尚未見過的閃亮新世界。雜誌有恐龍生成圖，雖然我當時還不了解那並不是照片。有雙綠眼的難民女孩——爸爸總喜歡說這是他看過最精心拍攝的照片，也說明為什麼這是他最喜愛的封面。大家似乎都這樣想，但還要過幾十年，才有人知道她的名字。

我花最多時間看的是廣告。每隔幾頁，就會出現半頁或全頁的跨頁廣告，有福特皮卡車與龐帝克車的彩色圖片。後面一定有暈車藥克暈錠（Dramamine）的廣告，還有每個男人都需要的手表式指北針。每一期都有相機廣告——柯達或奧林巴斯。於是，我學到了成為探險家的基本要求。要知道方位，要會分辨時間。知道如何以影像來記錄世界。我可能會有暈車的問題：我從小就會暈船，搭火車時座位不能與行車方向相反，我也無法回望車窗外的景象。但是《國家地理雜誌》教我，只要有正確的藥錠，就沒有什麼不可能。

在《空間詩學》（*The Poetics of Space*）中，加斯東・巴舍拉（Gaston Bachelard，譯註：法國哲學家）曾寫過，住家的地下室是非理性的夢想空間：是無意識的空間，也是內在黑暗的空間。我不知道這是不是完全正確：那些年，我會到地下室，夢想更遼闊的世界。我夢想著陽光，夢想著其他土地，還有黃色框框包圍的世界。

## 摹寫探險家

我初次聽聞大衛・費爾柴德（David Fairchild），是在一段關於當代探險者的描述。那段文字把他和十八世紀的探險科學家相比，例如亞歷山大・馮・洪堡德（Alexander von Humboldt，譯註：一七六九－一八五九年，德國自然科學界的巨人與地理學之父，博學多聞，知識涉獵橫跨多種領域）。也有人把他和約瑟夫．班克斯（Joseph Banks，譯註：一七四三－一八二〇年，英國探險家與博物學家，在植物學方面有傲人成就）、福鈞相提並論。每當提起這些植物採集者時，都會提到費爾柴德；那些採集者不僅改變植物學的研究，他們所引進的植物也改變生態系統。只要說到那些人以間諜身分採集植物時，就不會漏了費爾柴德。不過，費氏不是那樣展開人生的，而我認為，從他的一生，可能會看出他秉持的強烈想法：當個探險家意味著什麼、把遙遠的地方視為他方意味著什麼。

大衛．費爾柴德出生於一八六九年，比洪堡德晚了一個世紀。在他出生之前，探險時代已經展開；他是美國人，出生時正值帝國時代的巔峰。十歲時，他從密西根搬家到堪薩斯。而他所住的地方，冬雪會吹襲進屋，到了春天，農場上的沙塵會襲捲四處。費爾柴德是在植物包圍下長大的：他爸爸負責州立農業學院，這樣的淵源讓他本人也去學習植物學，最初還代表甫成立的美國農業部研究植病。他會在那不勒斯、布雷斯勞與柏林研究植物學。後來，在贊助人巴伯·拉斯洛普（Barbour Lathrop）的支持下，費爾柴德拋下一切，前去探索爪哇。

關於費爾柴德的描述會把他呈現為拘謹的科學家，卻看不出他懷抱著渴望，想透過工作探索更廣闊的世界。但在他偶然認識了慈善家與全球旅行家拉斯洛普之後，對方要他說出自己最深的渴望：造訪爪哇，了解植物以及其病理學。拉斯洛普覺得費爾柴德對於科學細節的關注太無趣了，於是問他，會不會更喜歡從世界各地蒐集植物。當時美國農業的範圍大概只有糧食作物，例如小麥（wheat）、玉米（maize）、燕麥（oat）或馬鈴薯。拉斯洛普推論，新奇的東西或許會有價值。這場互動讓美國農業與生態學的未來改頭換面。

拉斯洛普出錢，讓費爾柴德去旅行。不過，這位年輕的植物學家尚未準備好。他想要進一步研究，才能讓一切就緒，扛下拉斯洛普邀請他投入的探險。所以費爾柴德可能是抱著夢想，或時勢所趨，才學著具體展現探險家的角色。為美國踏上第一趟採集任務時——尋找科西嘉枸櫞（Corsican citron）的枝條——他發現自己得祕密進行工作。他說：「這趟遠征一開始就出師不利。」而他冒險通過科西嘉，時時要提防土匪強盜，到了那邊，卻又發現美國農業部的祕書拒絕正式核准這項任務。「但我人已在那邊冒險了。」他在傳記中寫道。他算算口袋裡的錢幣，決定繼續，也曾差點遭逮捕，最後在路邊果園找到插枝。他把插枝插到幾片生馬鈴薯上，以免枯死，再把枸櫞郵寄回美國。

一八九六年，拉斯洛普終於帶他去爪哇島，費爾柴德就在這裡發現他從未這麼近距離看過的水果：山竹（mangosteen）、榴槤（durian）、柚子（pomelo）與紅毛丹（rambutan）。他和拉斯洛普穿著白色長褲、白色上衣，戴著木髓帽，背著斜背包，開始實現把新植物引進美國的夢。但是，要能實現引進植物的夢想，首先需要植物採種（plant extraction）。他把種子以石蠟還有乾燥的煤炭打包。

費爾柴德不再是光做研究就感到滿足的植物病理學家。他見識到更廣的世面，不願就此停下。一八九七到一八九八年冬天，靠著美國政府給的兩萬元，費爾柴德和植物學家沃爾特・譚尼森・施永高（Walter T. Swingle）成立了美國農業部的外來種子與植物引栽處（Section of Foreign Seed and Plant Introduction）。他們在南佛羅里達州成立駐點，由費爾柴德指導營運，為嘉惠美國農業，引進來自世界各地的植物。然而這項工作大部分是行政性質。在拉斯洛普的催促之下，費爾柴德立刻拋下這項工作中的官僚差事。他請求農業部允許他擔任「特派員」，到世界各地尋找植物，協助這個新成立的單位實地執行任務。而他得到准許。

在接下來幾年，費爾柴德會搭船環遊世界。這艘船是阿托瓦納號（Utowana），是為了快速進行植物蒐集與採種而設計的。船上有「光線明亮的實驗室，可方便顯微鏡工作；還有擺設得很舒適的圖書室，有書桌與書架；有陰暗的房間；有乾燥種子與標本的特殊裝置；還有放置沃德箱的甲板，以及足夠的空間放置各種補給品。」在這些任務中，費爾柴德會負責引進數十萬種種子或植物。「特派員」一詞，很快就會換成有更多解釋、也一樣引發聯想的新職稱——「農業探險家」。

費爾柴德領導美國農業部的植物引進工作，投入超過三十年的時間。他們的工作是由一群專業探險家率領：包括弗蘭克・邁耶（Frank Meyer），他曾沿著馬可波羅的路線，旅行超過千哩路，後來所引進的檸檬就以他為名——邁耶檸檬（Meyer lemon，譯註：又稱為北京檸檬）；帕勒蒙・霍華德・多塞特（Palemon Howard Dorsett），他為美國農業部蒐藏的大豆（soybean）增加逾五千種；施永高是佛羅里達州柑橘水果（Florida citrus）之父；弗德烈克・威爾遜・波佩諾（Frederick Wilson Popenoe）曾旅行到南美，帶回了酪梨。美國農業部的成立宗旨之一，是「為人民取得、繁殖與廣布有價值的新種子與植物。」當代歷史學家蒂亞戈・薩拉伊瓦（Tiago Saraiva）寫道，外國植物的知識對於在美國國土各種生態中的栽種與拓殖很重要。這得部分歸功於探險家。以美國農業部的語言來說，他們帶回來的植物是植物「移民」。費爾柴德在農業部內部公告通報末尾的簽署，職稱是「農業探險負責人」。

我來到美國國家農業圖書館（National Agricultural Library），觀看費爾柴德帶領的探險家默片。每一部片當中，植物學家都類似一種原型：衣服是淺色的，乾乾淨淨，姿勢抬頭挺胸。當地人會嚼檳榔（betel）、赤腳爬樹、搭蓋竹屋。這些植物學家自認為冒險家，一看外表就能知道。字幕是由費爾柴德親自撰寫。在其中一部片，我看到「穿越亞齊叢林的兩百五十哩路途中，探險家發現許多不熟悉的植物物種，並拍下許多照片，得到大量的植物材料。總督派軍人保護我們，並協助採集植物材料。」另一部影片中有個地球儀，以亞洲為中心焦點，上方的字幕寫著旅人懷著雄心壯志徒步：「在熱帶的烈日下，平原受到北方強風吹拂，強悍的探險家勇敢面對人、野獸與氣候，尋找新植物。」

費爾柴德的自傳透露出，他的興趣相當極端：在那本書一開頭不久，他便寫下自己考慮完全放棄科學。有一回，他拜託人讓他在那不勒斯外的山間當僧侶，追尋苦行人生。過了幾頁，他則是渴望航向爪哇，過遠離堪薩斯平原的冒險生活。他的夢想強而有力。

## 對世界的想像

我十歲時，爸爸帶我去購物中心，到布萊克（Black's）照相館拍護照要用的照片。照片後蓋了章，寫著日期，然後他把照片附到一張表格上，以迴紋針夾在一角。我的出生證明、一張折起的米黃色卡，以及他的資料都夾在表格後。他說，這樣我就能在世界上許多個地方通行。

幾個月後，我的英國護照送來了，封面是酒紅色的。爸爸把它收進黑色櫃子，就放在我的藍色加拿大護照旁，但在這之前，我已翻閱這本護照的每一頁，撫摸粉紫色的漩渦紋路。當時我年紀小，並不理解這本護照能給予我什麼。父親解釋，這不光是他祖國的護照，而是歐洲的護照。所以呢，他告訴我，這是一種自由。他告訴我，等我長大之後可以選擇要在哪生活、在哪工作，幾乎每個地方都行。他說，我很幸運能有這本護照，因為我的朋友多半沒這個福氣。當時，我不知道他所說的話會成真：我會比其他人更常使用這本護照。我會住在歐洲，享有這本護照賦予的權利，即使那樣的權利在世界上愈來愈稀少。

那時，我只是孩子。就連搬到國外，都超出我對冒險的想像：我成為青少女之後，決定學習攀岩。我想要買登山車。有個名叫丹恩的男生告訴我，在家與學校之間有一條登山車道，問我要不要放學後一起騎車。我滿心渴望，就和會騎登山車的女孩一樣，一點都不懼怕。

等我自己有電視之後，會看第四十四頻道「OLN」。當時，這個頻道稱為「戶外生活電視網」（Outdoor Life Network），後來才更名，看起來更炫。我曾看過一個旅遊節目，是由一群背包客輪流主持，在「空檔年」帶領攝影機走到異國小巷。這個節目的片頭有各種字體混合出現，還有電吉他的失真音效，向觀眾預告節目的另類風格。在每一集之間會有形象識別短片，是一個人從深深積雪的懸崖頂滑雪下來。我在音樂多多（MuchMusic）頻道上想找一段音樂影片，片中有個白人男子詢問，活著的感覺如何。我也想像他跳傘、攀岩、水肺潛水、和海豚游泳的畫面。我把這些畫面放到腦海中，認為冒險看起來就是這樣。害怕深水不是問題，有懼高症不是問題。我是郊區的混血女孩，也不是問題。

在我的想像中，獨自出發很重要。直到成年後，才讀到探險背後需要動用的勞動力：當地探路員、翻譯、野外嚮導。我在青少年時期曾讀過攀登聖母峰的男子，卻不知道雪巴人的名字。我以為，冒險是單獨一人的活動。

## 摹寫探險家

二〇一八年，我讀到金雅妹（Yamei Kin，譯註：又名金韻梅，見後文說明）的訃聞，她在一九三四年逝世。這份訃聞刊登在《紐約時報》（*New York Times*），當時有一系列的報導，是為了修正這份刊物長久以來以白人男性為焦點的立場。

這篇人物描寫中的主角，是她的同代女性中最強而有力的一位。她是在美國高等學府獲得醫學學位的第一個中國女子，也在美國農業部的一間實驗室擔任主管，負責引進黃豆到美式飲食中。那篇文章寫道，當年所稱的「大豆乳酪」，就是我們今天所知的豆腐。

一九一七年，正逢第一次世界大戰食物短缺，美國農業部派金雅妹前往中國，當起農業探險家。她要探索大豆產品的生產法，同行的還有其他負責採集種子的植物探險者。《紐約時報雜誌》（*New York Times Magazine*）以全版跨頁專門報導她執行的任務。跨頁的最上方有張她的照片，圖中的金雅妹身穿漢服，書本攤開在大腿上，表情難以解讀。

金雅妹一八六四年出生於中國，年幼失怙的她後來由美國傳教士收養，把她帶到國外養育。等到她成年、取得醫學學位——使用的是英語化的名字「Y. May King」——她比許多人更蓄勢待發，想跨越文化鴻溝，闡述中式飲食的好處。她任職美國農業部時，曾說明如何發酵大豆，製作出醬油、豆腐、味噌等等。她悠遊於中國的文化知識及美國自我之間。不過我對她有興趣，並不是因為她的轉譯能力，例如把豆腐變成巧克力布丁，以討好美國人的味蕾。

在我開始研究美國農業部所蒐藏的植物時，金雅妹是我遇見的第一名女子。我讀到，她離開遊手好閒的夫婿，並以遺棄為由，在當事人缺席的情況下合法離婚。她是個熱愛獨自旅行的女子，自稱寡婦。她是個專業上廣受讚譽的女子，在國內外到處演講。她把黃豆帶到了西方，卻不是從滋養黃豆的文化中採走植物。她從來不在地點或民族之間做選擇。

在我讀到的所有內容中，金雅妹是活在兩個世界的女子。她進入了美國植物探險中陽剛味十足的科學界，而她在中國出生，也在故鄉逝世——就在北京附近一處她為自己購買的農場。

## 對世界的想像

等到我上大學時，不僅渴望看看世界，還得知我以前讀過的探險已經不復存在。在學生宿舍中，朋友與我會以地圖裝飾空間，這些地圖是我們想要造訪的地方。樓友從路邊的車庫拍賣帶回一系列《國家地理雜誌》過期舊刊，於是我們那幾年大學時光，在走廊上都有幾疊黃框框書刊。

我想要做些改變世界的事，因此決定除了人文學科之外，也要雙修國際發展。我想像自己從事保育工作，和非政府組織合作。在其中一次分組計畫中，老師要求我們提出永續發展的想法，同時搭配風險評估、商業規畫，以及提交必備的倫理規範文件。十八歲的我們不太知道怎麼對更廣大的世界伸出援手最好。因此，我們提出自認有用的點子：巴西生態旅遊計畫。我們下載圖片，說明目的地的森林確切所在之處。我們也完成和當地人合作的倫理評估。我們設計出手冊，並決定獲利該如何回饋給當地的計畫。

在同一個學期，有個教授規定我們要讀愛德華・薩依德（Edward Said）《東方主義》（*Orientalism*）的章節。這是我第一次讀到「東方」（**Orient**）這個字，有別於與之相對的「西方」（Occident）。這也是我第一次思索「東方」可能有什麼意義——在此之前，我一直認為那是父親用來形容母親的字；他從來不說「中國的」、「臺灣的」。母親在抱怨西方生活時，也會以這個字來描述她的文化。

我讀到，東方的觀念不只是對他者、異國土地與文化的想像。這是個透過意志而實行的觀念，透過權力模式，持續把西方塑造為中立的、有力的，是起源點。而東方——從中國到地中海——則是邊緣。

十八歲的我，尚未準備好去思考這種語言會如何應用到像我這樣的人身上——我是兩方的產物。

## 摹寫探險家

費爾柴德在一九三五年退休。等到他退休時，農業探險者已引進八萬種植物樣本到美國農業部的蒐藏中。有一本費爾柴德的傳記列出一部分可歸功於他引進的植物：「枸櫞、芒果、苦橙（sour citrus）、耐寒酪梨（hardy avocado）、無刺仙人掌（spineless cactus）、無籽葡萄（seedless grape）、柚子（pummelo）、啤酒花（hop）、榛果（hazelnut）、葡萄、角豆（carob）、核桃（walnut）、橄欖、檸檬、椰棗（date）、開心果（pistachio）、血橙（blood orange）、杏仁果、桃子、柿子（persimmons）、荔枝（litchi）、李子、山竹、枇杷（loquat）、竹子、鳳梨、棗子（jujube），甚至……櫻花樹。」他一生的故事中許多相同描述交替重複著：他勇敢無畏、冒險家、植物間諜。他尋找邊境，帶回邊境的財富。

如今，美國農業部種子與植物引栽處的歷史得盡力主張局勢已經不同。這個部門現在採用的是讓人困擾的名字：美國農業部農業研究服務（USDA Agricultural Research Service）國家種質資源實驗室（National Germplasm Resources Laboratory）的植物交換處（Plant Exchange Office，簡稱PEO）。科學工作是能見度最高的，而勇敢冒險的日子則是退居幕後。採集植物不再是植物學家在世界各地展現武勇的領域。科學家與種子保管員要先經過官僚管道核准，之後才能出任務。這工作會牽涉許多文書作業——比以前多出許多——還有行為守則。一九九三年《生物多樣性公約》和後續的國際植物交換指南推出之後，這些任務都必須與植物所在國合作進行。雖然如此，我還是聽見了回音：這些旅程仍稱為探險。

當然，美國農業部的探險者都不是獨自採集。今天在馬達加斯加島，有邱園（Kew）統籌的採集計畫——英國索塞克斯（Sussex）的千年種子銀行合作方案（Millennium Seed Bank Partnership）；計畫內容是與海外的研究者與機構合作蒐集種子。邱園的研究人員會訓練實地人員，在遙遠的田野現場複製他們的做法。那裡仍是植物探索的大本營。而田野現場——邊境——依然是陌異之地。

我並不哀嘆時代的結束，或那些設計來為實地建立問責制的官僚制度，尤其這個領域一直與帝國起源深深糾纏著。我也承認，讀到費爾柴德與類似人物的故事時，不免會感到興奮——在他們為熱帶燠熱環境生長的水果列表、以他們的植物學所訴說的語言之中，我發現一種令人浮想聯翩的喜悅，即使那個時代的男性所掌握的權力與特權讓我困擾。但我也覺得困擾的是，植物採種被賦予了什麼價值，那些植物來自外邦土地、外邦人，還有屬於他們的文化知識。如果說他們的歷史對我展現了什麼，那就是我們用來描述這些探險的語言，蘊含著權力。

採集的植物也含有權力——最重要的是，權力就在握有這些植物的人手中。二〇〇〇年，紐約植物園（Botanical Garden of New York）開始把在墨西哥蒐集到的植物標本資料，歸還給墨西哥生物多樣性資料庫（Mexican biodiversity database）。二〇一〇年起，邱園、哈佛、斯德哥爾摩植物標本館，以及其他七十個蒐集處，也把數位資料歸還給巴西檔案庫。小型種子銀行把標本歸還給原生社群，亦即那些看顧著植物生存的社群。植物採集留下了活生生的資產，這些資產就在種子、標本中，還有其所衍生的知識裡。

## 對世界的想像

最後，我並未從事國際發展的職業——因為有個想法讓我覺得不自在，遂放棄了課程。那是學生之間流傳的笑話：如果你完成國際發展研究，就永遠也不會靠這行吃飯。

我在書寫、研究地方歷史時，反而從檔案中找到了令人不安的美：在洪堡德旅程紀錄的蝕刻畫；為活生生的世界給予這麼多命名的植物學家所留下的紀錄；還有那些把植物帶回的農業探險者之輩。透過他們留在書頁上的文字，我遊歷得最廣。

畢業在即，樓友與我舉辦了車庫拍賣。我們把所有的雜誌疊起來——《時尚》（*Vogue*）、《瑪莎史都華生活誌》（*Martha Stewart Living*）與《簡單真義》（*Real Simple*），書頁都有折角與茶漬。我們一本賣五毛錢，很訝異售出能賺到的金額。

然而《國家地理雜誌》卻引來奇特的關注。其他學生翻閱後，或許很訝異這些圖片有多生動，足以喚回他們童年的夢想，提醒他們思考年輕時探索世界的意義。

有個鄰居特別熱忱。說不定他也曾有冒險之夢，或者就只是學藝術的學生，想用這些雜誌來拼貼。原因我不確定。但他以每本一元的價格，整批買回家。他分次把雜誌搬走，那黃色書背的雜誌沉甸甸躺在他懷中。原本走廊堆著雜誌的地方，現在剩下灰塵所畫出的框框。

# 4 甜蜜蜜

我九歲時，距離父母幾乎身無分文來到加拿大已過了二十年，脫離了一貧如洗的苦日子，生意飛黃騰達。就印象所及，他們從事住宅翻新的生意，時時都在工作，而在我還是個小孩時，他們就從挨家挨戶推銷，晉級為擁有自家工廠的榮景。那是我當年不能理解的成就。我不知道那對父親有什麼意義——他是模具匠師之子，來自煤礦工人家庭，十六歲就離開學校，獨自踏上冒險的旅程，來到世界的另一頭。而我母親剛從臺灣來，認識了我的父親，學習他有威爾斯腔的英文，一起打造人生。

為了慶祝，他們買了第二間房：佛羅里達州墨西哥灣的濱海公寓，後院還有芒果樹。從那時候開始，他們就排除了回母國的選項，也認為每逢學校放假與暑假，我們都該到這間公寓度假。我問父親，擁有第二個家是不是表示我們很有錢。他只回答，談錢並不妥當，接著就繼續工作，在我們的兩個家之間忙個不停。

我們在佛羅里達州度過的每一天，父親總是埋首案前，辛勤工作。為了尋找樂子，我把注意力轉向戶外，讓生活豐富一些。於是，我學到了新節奏。夏日午後的岸邊，下午三點整會降下雷雨，和鐘一樣準時。公寓是在以住宅為主的小島上，建築物有限制高度。這裡挺安全的，我能整天待在外面，和鄰居孩子交朋友。我學會騎腳踏車到OK便利商店買櫻桃可樂，也知道如何在海床上，腳拖著沙子前進，以避開魟魚。和美國朋友在一起時，我會把garbage改稱為trash，soda改稱為pop。他們問，加拿大有沒有企鵝。他們問，為什麼姊姊與我看起來不像他們心中加拿大人的模樣。

在後院，我會幫母親整理花園。佛羅里達的天氣讓她想起臺灣：

綠意盎然，炎熱潮濕。這裡的空氣好像摸得到一樣，聞起來芬芳美味。公寓後面的芒果樹有三層樓高，葉子伸向每個照得到光的角落。

我無法說這棵樹到底有多老，也不知道長出來的是哪一種芒果，卻記得它投下影子的每個細節。我記得樹皮的觸感、果實的重量。周圍的泥土散發出汁液的甜香，那是過熟的果實掉落後，回歸泥土所散發的氣味。

每年夏天，母親每隔幾天就會從車庫拿出一根可伸縮的竹竿，其中一頭裝著袋子與刀片，並以一根繩子與把手綁在一起。等到果實成熟，她就會從陽臺探出身子，以採果竹竿摘取每個粉紅色的果實。她將把手一拉，果實就會掉進帆布袋，發出悶悶的咚聲。我把芒果一個個放進白色塑膠盆，讓母親洗乾淨，並在下午和晚上吃掉。大部分芒果是她自己吃掉；我很挑嘴。

在那段日子的某一天，我學會唸中文的「芒果」，其中「果」這個字，也出現在「結果」與「後果」這些語詞中。

芒果（*Mangifera indica* L.）的植物學名說明了其起源地。長久以來，芒果據信是來自印度喜馬拉雅山區的小山麓。「L」代表「林奈」（Linnaeus），這位瑞典植物學家會依據送到他手中的樣本，幫植物分類，但他可能沒親眼看過芒果樹。

芒果大約在四千年前由人類馴化，是這一帶最早受到人類照料與栽培的水果物種之一：人類使用芒果的歷史，和桃子、柳橙與檸檬一樣久遠。不過，馴化究竟是何時何地發生，依然沒有定論。雖然一般看法認為，芒果只在印度馴化，但近年基因分析指出，芒果可能是人們在野外摘取多次，並在印度與整個東南亞的許多地方馴化。

芒果和腰果（cashew）、鹽膚木（sumac）與開心果一樣，屬於漆樹科（Anacardiaceae）的成員，其中最知名的就是刺激性的植物、毒漆藤（poison ivy）、毒櫟樹（poison oak）。我攻讀博士時曾上過植物學的課，老師嚴正警告我們要當心漆樹科：我們應該要憑氣味就能辨識出漆樹科（簡單來說，壓碎或切開這些植物的一部分時，會聞到芒果的氣味），而在進行實地研究時，一定要小心處理樹汁。老師的PowerPoint上出示一張皮膚滿是紅疹的圖片，上面寫著「當心樹汁！！」

這門課程顯然很珍貴：雖然我小時候沒有吃芒果，但長大後得知，我對芒果有輕微但罕見的過敏，這表示，如果我攝取到皮或汁液，就會蕁麻疹發作，皮膚發癢個好幾天。這算不上是嚴謹的科學；有時我會發作，有時不會。因此我很少吃芒果，就算要吃，也要先能掌控芒果的處理方式。話雖如此——或許對我來說，吃芒果的機會太少——我渴望甜蜜蜜的芒果汁，還有童年時芒果樹的芳香。

芒果——幾乎受到每個種植芒果的文化尊重與珍視——是移入種水果。我的意思很清楚：芒果的故事所訴說的，就是透過人類（或許是四、五世紀的佛教僧侶）遷移而擴散的植物，從印度、緬甸、馬來半島到中國；到第十世紀，由波斯商人傳到東非，十五世紀傳到菲律賓。因此，其移動反映著殖民。只要是樹能生長的環境，幾乎就會有芒果，從夏威夷到西非，尤其是沿著西班牙與葡萄牙殖民者穿越的路線，另也取道法國和英國植物園。芒果進入巴西、加勒比海，最後來到北美大陸。在世界各地，芒果有數以百計的栽培品種紀錄，今天多數芒果的商業品種是在佛羅里達培養出來。在人類的協助下，芒果環繞了整個地球。

佛羅里達州在一八三三年引進了芒果——二十世紀初的幾十年間，負責梳理世上新物種的美國農業部探險家，又帶回了更多種源——當地的植物育種者全神貫注於芒果。他們該怎麼培育出能夠順利運輸，並在大型農莊茂盛生長的芒果？現在，佛州芒果在歐洲與北美的超市稱霸：例如湯米．艾金斯（Tommy Atkins）這種栽培種，就是有斑駁的紅寶石色果皮、味道平淡的芒果；肯特芒果（Kent）穩定但不特別；另外還有綠色且沉甸甸的凱特芒果（Keitt），前述這些都是「市場偏好」的種類。這些芒果在世界各地種植，進入商品供應鏈，取代更有滋味、更甜、更香，卻被污化名為「異國風味種」，專供異國族群品嚐的種類。諷刺的是，這些並非培育成商業單一栽培種的其他芒果，沒那麼容易送往其他地方。

這個故事也蘊藏在語言裡。在我會說的語言當中，芒果都是外來語：英文、西班牙文與德文是「mango」，法文是「mangue」，中文則是「芒果」。無論出現在哪裡，名稱都差不多。「Mango」源自葡萄牙文的「manga」，而這個字又來自馬來文，還可繼續追溯回馬拉雅拉姆語的「maanga」。早在一五〇五年，葡萄牙就在印度殖民。因此我們說的「mango」，就是這項遺緒的痕跡。

但說到遷移、語言與芒果，情況又更複雜了些。

芒果對許多人來說，是令人不安的象徵：就和椰子一樣，通常是以粗糙的表達方法來代表熱帶地區。愛德華・摩根・佛斯特（E. M. Forster）一九二四年的小說《印度之旅》（*A Passage to India*）宛如有某種執念般討論起芒果。芒果這種東方化的物品是故事緊抓不放的，也是款待賓客用的通貨：「『但我們能提供什麼，來留住他們？』『芒果、芒果。』」芒果可以「在英國打造印度」，就像殖民者在印度打造出英國那樣。在佛斯特筆下，芒果象徵豐饒的概念，變成了令人痛苦的事情。在其中一個知名的段落，芒果被用來比喻女子的胸部：「『為了你，我要安排一位胸部狀似芒果的女士。』」

相對地，在二十世紀中期，若作家出身自剛從殖民國獨立的國家，提及芒果、番石榴、大蕉或麵包果時，便會為自然界賦予合法性，因為在過去的殖民主義下，這些地方的自然界被邊緣化，與文學中具體化的歐洲自然界理想違抗。一九六四年，V. S.奈波爾（V. S. Naipaul）的散文〈茉莉〉（Jasmine）中，提到某一段文字將女性比喻成各式各樣的千里達花卉，但並不是帶著貶抑，而是要取回屬於自己的事物。「小說或任何想像之作，無論品質如何，」他寫道，「都把主體變得神聖。」

然而到了世紀末，水果的命運再度受到翻轉。芒果已變得無所不在，簡直成了陳腔濫調。批評者指出，阿蘭達蒂．洛伊（Arundhati Roy）一九九七年的小說《微物之神》（*The God of Small Things*）在開頭幾行就寫道：「黑色烏鴉大啖鮮豔芒果」，也批評一波接續而來的「紗麗與芒果小說」浪潮。作家吉特．塔伊（Jeet Thayil）彷彿是要把水果逐出小說一般，他在二〇一二年的廣播節目中表明：「我試著避免提到芒果、香料與季風。」

在幾十年的時間，水果變得格外惱人，而芒果尤其不幸，象徵為白人視線所表現的異國主義。

但是我開始寫這篇文章時——在防疫隔離的春日，一片死氣沉沉中——我開始詢問朋友關於芒果的事。我收到的回覆遠比感官感受到的甜蜜蜜等老生常談要廣泛得多。住在德國的菲律賓女子告訴我，她想念小時候小小的、像糖果一樣的芒果；我得知，菲律賓以世界上最優質的芒果馳名。我也得知，叔叔阿姨會把幾箱的阿芳素芒果（Alphonso）郵寄到半個地球外的美國給他們吃，讓大家一起在餐桌邊享用，一次吃完。一位華裔馬來西亞的紐西蘭白人朋友告訴我，她兼具印度與瑞士血統的朋友教過她怎麼吃芒果最好吃。我聽到加州牧場主人的瑞典裔美國籍女兒教每一位訪客，怎麼切芒果最好。

我讀到二〇一四年，有人擔心入侵果蠅感染，提議禁止印度芒果進口到歐盟。這項禁令導致那一年的阿芳素芒果銷售額大砍一半，讓住在英國的南亞僑民沒能享受到一年一度的芒果季儀式。這些故事並不是關於熱帶的他者，而是過去的殘痕——關於技能及熟悉感——那是在遷徙之後依然保留在人身上的東西。

更近期的一些文章反思了這種情緒。二〇一六年，黛安・雅各（Dianne Jacob）在〈芒果的意義〉（The Meaning of Mangoes）這篇文章中寫到她父親——來自上海的伊拉克猶太人，後來移民到溫哥華——進口了一箱芒果，並放到地下室，等待芒果成熟。空氣變成「熱帶麝香的芬芳之雲」，芒果開始象徵一種禁忌的愉悅。日裔美國漫畫家珊・納卡希拉（Sam Nakahira，音譯）曾寫過她祖父母的夏威夷芒果樹，果實甜得無與倫比，而她擔心總有一天，這些果實將成為回憶。張欣明（K-Ming Chang）在〈水之果〉（Consequences of Water）這篇文章中寫到芒果、金柑、番石榴與她的臺灣人母親。在她的文字中，水果與身體是彼此交織的，而切水果是與生俱來的家族回憶。在這個脈絡下，渾圓的芒果滿是甜味、滿是水和雨。芒果代表的不只是懷舊，而是相當切實地代表自己與家庭。

我蒐集了這些文字之後，打電話給母親。

在這裡，我也要來點老套的，就像普魯斯特把瑪德蓮浸入茶水那樣。文字能與過去某些地方緊密結合，透過一個簡單的問題，就能揭開完整的場景及早已遺忘的思緒，這件事令我著迷。水果——甚至只是提及水果——可以承載其他東西，不只是果肉的重量而已。

我問母親關於庭園芒果樹的三兩事。父母在買下佛羅里達州的公寓之後，過幾年就離婚了。接下來的幾十年，母親常提到她多想念那棵樹，還有那棵樹結出的果實。「我記得妳說過自己小時候多喜歡芒果。」我說。我沒料到她那時會告訴我一則故事；也是因為我問了她才想起來。

一九六〇年夏天，外婆與我母親住在臺北市區外鄉間一個租來的房間。外公是空軍上校，住在臺灣南部距離要兩小時車程的空軍基地。我母親六歲，時間都用在附近稻田散步，或者在花園裡抓蝴蝶。

外婆在臺北的國民黨政府機構擔任祕書，有天傍晚回家時，她在水果市場停下來，買了五公斤的芒果——是小的、黃綠色的臺灣品種。日落時分，我母親和她母親靜靜坐在花園棚架底下的矮木凳，腳邊擺個琺瑯臉盆。外婆小心剝去每個芒果的皮，並交給母親，她把甜如蜜的水果吸吮得乾乾淨淨，只留下果核。暖暖的果汁從她臉頰流下，也從手、手臂淌下來，然後從手肘滴落到地上的沙土中。

「我最快樂的回憶之一，」我母親在電話上告訴我，「就是這個了。」

我不知該怎麼回應她。

說我母親和外婆的關係很緊張，算是委婉的說法。我聽過太多她過往的故事，因此會這樣歸類：外公的故事是愛與美，外婆的故事則是暴力與痛苦。還有些故事不屬於我，我不該說出來。

但這是我聽到第一個關於外婆的快樂回憶。這是母親第一回幫我畫出那樣的景色：位於鄉間的家，有花園，天氣溫暖。我謝謝她告訴我這故事，她也謝謝我問了。

母親沒再多說別的事；或許跟我說這麼多就夠了。多年過去，留下來給她的就是芒果，不僅僅甜蜜滿溢的芒果。

# 5 海潮

在沃波爾灣（Walpole Bay），霧氣從北海灌入。我的腳、腿與身體也沒入灰色中。在這裡，我從來沒有在陽光下游泳——反正我比較喜歡雨天——但我仍措手不及。不是因為冷，或是深度，而是馬上發現被糾纏住。在潮池延伸範圍的一半之處，海浪漫過岩壁；光滑的巨藻滑過我的腿與身體。

如石子般的棕色瓷蟹為海岸線抹上斑點。在白堊礁悄悄延伸到路面之處，海面上的水沫脈動著，岩石上鋪著毛茸茸的藻類與紅色海草。這是過渡地帶，潮汐填滿陸地與海洋之間的空間，海水與生命懸浮其中。

我的雙腳把巨藻踢開，往前推進浪中，鹽刺痛我的唇。我聽見狗兒在岸上悲嚎，浪花在牠腳掌周圍形成水窪，而牠看我消失在海中。這是牠第一回來到海邊，在此之前，從未見識過海浪，因此海浪沖向岸邊時，牠立刻往旁邊閃躲。牠不喜歡我游泳。

我回到陸地上時，腳步踉蹌，看不清楚哪裡有地面可站，海灘上覆蓋著被冬季浪潮沖刷得精疲力竭的海藻。每一道海浪都在海岸線堆起更多海藻，累積起腐敗與鹽味。不過，狗兒倒是鬆了口氣，我穿上衣服時，牠舔舔我腿上的海水。我覺得皮膚刺刺冰冰，就這樣帶著新氣味，回到牠身邊。

今天沒有其他人來到海邊。這時才剛四月，天氣苦寒。英國頒布嚴格的旅遊限制，我們無法離開自己的所在地。不過，沖上岸的海藻與褐藻仍在移動，於海岸的白堊礁岩間蓬勃生長。我以靴子尖端撈起一根褐藻的葉狀體，讓長長的葉狀體環繞我，心裡想像它來到岸邊的旅程。海藻會任由大海（或我們）帶領，前往任何地方。

「藻類」（algae）是個泛稱，指的是那些活在水中的陌生世界，難以分門別類的東西。淡水與海水中有五萬種藻類，在分類學上跨界分布，介於細菌到不算植物的單細胞與多細胞生物之間。端視你住在哪裡，藻類的分類方式也會改變。藻類大部分是依照大小分類：通常在提到藻類時，不會以單數「alga」表示，而且我們很難想像，這種幾乎看不到的物種和我們有什麼關係。但諸如巨藻（kelp）與大型海藻（wrack）——也就是世界上的大型藻類——早已得到我們的矚目。

目前文獻上記載的海藻有一萬兩千種，你很可能對其中幾種挺熟悉，例如我們吃的藻類：紅藻（dulse）、裙帶菜（wakame）、昆布（kombu），又例如墨角藻（bladder wrack），可萃取出藥物使用的碘。紫菜屬（*Porphyra*）的藻類經過加工，就變成壽司會使用的海苔，也成為威爾斯的紫菜醬（laverbread）。藻類甚至滲透了我們的陸地生活，不僅成為大部分的人不會看到的肥料與農場飼料，還會以其他方式貼近我們的生活。如今你在刷牙時，牙膏裡就可能含有海藻製成的增稠劑。從紙張、藥物到燃料中，都有海藻產物。而在藻類型態改變的空間裡，這些物種對人類的意義相當深遠：食物、熟悉度、他者、未來。

我小時候不喜歡吃海菜，那畢竟就是水草，有到處漂流的不良習性。雖然在我臺灣媽媽的語言裡，會稱海藻為海菜，代表來自大海的蔬菜，這稱呼突顯出其食物特性。但我只認為，那是來自另一個世界的東西，會在我游泳時刷過我的腿，讓人心裡發毛。

我怕海藻，而我在游泳時對海藻的恐懼也一起帶上了岸。在餐桌上，我會把零星的海帶推開，從炒菜中挑走，對海苔（nori）更是看都不想看一眼。姊姊愛吃的豆腐海菜沙拉，或是媽媽煮的海帶排骨湯，我都敬謝不敏。很長一段時間，海菜對我來說海味太重，嚐起來略有魚和滷水的味道。我威爾斯的爺爺奶奶和父親提過紫菜醬：是一種煮熟的紫菜製作的糊。我不懂誰會想吃，光想到在齒間咬碎時的感覺，我就覺得反胃。我知道自己挑嘴，也知道母親愛吃這些東西，並希望我也愛吃。不過，我比較習慣北美零食的脆脆口感。我想吃的是「午餐牌」（Lunchables）披薩，還有麗滋（Ritz）餅乾。家人都喜歡吃的東西，我似乎難以下嚥。

後來，十一歲的某一天，我和家人分開，來到加拿大的另一邊。我和一對陌生母女住在一起，女兒和我年紀相仿——那是長達一個月的夏令營期間，到寄宿家庭度過週末的行程。她們竭盡全力，要讓我覺得賓至如歸。她們帶我到溫哥華一家街尾的冰淇淋店，而發現我多麼愛吃檸檬奶黃醬吐司之後，每天早上都幫我準備。這個星期六雖然是夏天，然而天空卻灰濛濛的；她們帶我去抓螃蟹。

我不吃海鮮，但還是想表現出禮貌。我想，說不定抓螃蟹很好玩。我們和她們家朋友搭上小小的錫船，那位粗獷的男子穿著蓬蓬的背心。船鐘聲響在空中迴盪，天空的雲低低的。我們把橘色救生衣扣好，鑽進史丹利公司（Stanley）生產的小船，小心腳步，繞過散落於地的工具：有桶子與蟹籠、繩子與手套，全都在剛下雨所殘留的水窪中晃動。

我們在船上待了一段時間，拋下蟹籠再拉回，檢查有多少戰利品。然而，我們的成果並不亮眼——老實說，我才不在乎。船駛回海岸，我們整個下午在岩石海灘上吃三明治，並在岩石間穿梭來回。我印象深刻，那天什麼都是灰的——岩石、霧氣與海水都是。唯一看見的顏色，就是小海灣對面的綠松，還有被沖上岸的金海帶。所有東西聞起來都有生命乾枯與犀利的鹽味。於是我明白，這就是我愛的東西。

幾個月後，那次經驗帶來的感受及渴望，實在讓我念念不忘。與其說是智性上的變化，不如說是美感的轉變。我的頭髮變捲，初經也報到了。我開始常游泳，想一直待在海中，雖然是又愛又怕。我會來到泳池，屏住呼吸，噗通往水底跳，感覺水的重量，讓自己在水深之處漂浮。我常躺在床上，臥室天花板有光影舞動，於是我想像自己沉浸在海水中。我無法完全說個明白，但或許我有個幼稚的渴望：如果可能的話，我想要一輩子生活的世界光線昏暗、有朦朧的蜉蝣生物濾光。我想要住在淺海海底。水的藍綠色與巨藻的橄欖石色深深吸引著我。我告訴親友，我想成為海洋生物學家。但我真正想要的，卻是海中的生命。這樣海藻就是熟悉的，而不是遙遠的他者。

即使還是孩子，我也知道如何想像事情很重要。

十八歲時，我搬到海洋的另一邊，那個地方一樣灰濛濛的，大西洋會把長長的闊葉巨藻（sugar kelp）推到石頭上，而海浪褪去時，大海會發出閃亮亮的聲響。

只要有機會，我就會游泳——請有車的朋友載我去水晶新月沙灘（Crystal Crescent），而我則請對方到我工作的咖啡館喝拿鐵，因為我有員工折扣。我們以車上的線圈點煙，播放高中時買的CD，但有點大聲。在這海邊，我會在能承受的寒冷範圍內，盡量游遠一點，而往下一看只見到黑暗時，不免膽怯發抖。那時我明白，大海比我還大——深不可測。岸邊的海草比我這個女孩身軀全身還長。

我從外在世界轉向內心，幾年來都埋首書堆。我沒有踏上成為生物學家的路徑；相反地，我思索的是哲學、藝術，還有美。不過，我希望自己能待在外頭，我還是想感受大海。我修讀完大學學位，之後取得碩士，還有博士。最後，我的工作多半與陸地有關，書寫的是自然之美與景觀的歷史，將所見的植物及其名稱的語源學分類。我研究植物來自何處，如何與我們交織。我只有少少的機會能進入水中，但每回在水中，我還是會躲避刷過我腿部的海藻。

我怎麼會愛上自己依然害怕的東西？

我決定，必須客觀思考海藻——把海藻放到面前，當成自己要思索的想法。我要看出海藻之美、海藻力量的新面向。

羅斯蒂（Rusty）是我在博士班認識的教授，她給了我一本書——是她自己的書——寫的是女性與植物的歷史。那時我正在上一堂女性與自然（Women and Nature）的課程，每一週，我們都會循序探討一整個世紀的歷史與文學。我讀到，在十八與十九世紀，那時女性興起研究植物學的風潮，於是會花時間將藻類編目分類。植物是理想的消遣，可以在家附近採集樣本，予以檢視與記錄——當時社會大致上也鼓勵女性研究，前提為她們所選的植物要被認為「有禮貌」。海藻沒有炫目性感的花朵，就像其他靠著孢子繁殖的無花植物，是公認適合女性研究的植物。藻類（尤其是海草）蔚為流行。

雖然植物學界往往輕視女性的科學貢獻，但女性在海藻研究領域卻出奇有所成就。這堂課上了幾週之後，我得知有一個團體——羅斯蒂稱為海藻姐妹會：是個擴散四處的女子網路，她們是十九世紀初藻類研究的先鋒。其中包括艾美莉亞．葛理菲斯（Amelia Griffiths），她會把樣本教給男性植物學家，他們很重視她辨識新物種的能力。至少有兩種藻類是以她命名。安娜．阿特金斯（Anna Atkins）是在當時的科學家族長大，她父親曾翻譯過法國博物學家拉馬克（Lamarck）的《貝殼屬》（*Genera of Shells*），而插畫就由她操刀，之後她又轉向攝影領域。一八四〇年代，她的海藻藍曬照片出版，成為配有圖片的指南——是史上第一本搭配照片畫面的書籍，而且出自女性之手——內容整合藝術與科學，記錄著肯特海岸的海藻歷史。瑪格麗特．加蒂（Margaret Gatty）曾為兒童與成人寫作，她認為植物學研究是有道德的職業。伊莎貝拉．吉福德（Isabella Gifford）是《海洋植物學家》（*The Marine Botanist*）的作者，終生未婚的她奉獻於科學工作。她在自然中發現神聖，她的著作因此環繞著海藻這個核心，視海藻為所有生命所不可或缺，不僅因為海藻美麗，更因為那是其他海洋生物與人類都仰賴的植物。她逝世後，《植物學期刊》（*Journal of Botany*）形容她在這個圈子不可或缺，是那個時代「女性藻類學家鏈的最後一環。」

為了想更了解這些女性，我在網路上研究植物學，透過她們作品的數位檔案庫來學習關於海藻的知識。我點選阿特金斯的藍曬圖。那是將近兩個世紀以前所蒐集到的海藻，但影像依然清晰銳利，就像貝殼或化石嵌入紙上。白色的搶眼壓印與青花藍的背景對比明顯，讓我想起海洋邊緣所聚集的海水浮沫。每一張圖都仔細排列海藻，長葉在頁面上舞動，彷彿還立在水中。

我滑動這些泛黃、數位化的《英國海藻》（*British Sea-Weeds*）頁面影像，是加蒂在一八七二年推出的兩卷作品。她會穿著比一般短的襯裙遊走於海岸線，以免海水弄濕，這舉動相當知名。她提倡，想要依循她腳步、到「海岸搜索」的女子，都應該善用厚手套，還有堅固的男子狩獵靴，也要以牛腳油防水，就像漁夫那樣。她寫道，拐杖對女性海藻獵人來說是很理想的工具，有助於「攀爬岩石，以及從水中撈起漂浮的海藻。」不過，連加蒂也認為，女性採集也只能接觸大自然中，講禮貌的社會可接受的部分：比方說，需要在淺水處涉水或游泳的海藻，仍舊屬於男人的領域。女人受到維多利亞流行的累贅服裝阻礙，得要將就一點。「沒關係。」加蒂在文字中反覆寫道，她鼓勵未來的植物學家去熟悉潮汐與當地地理。最好能瀏覽岩池、海岸邊的洞穴與退潮。雖然有限制，但她的海岸是充滿感官性、語言生動的世界：「海帶區」，也就是褐藻茂盛生長的低潮線淺海區。「明亮海灣」與「一叢叢有節理的線」。在加蒂的書頁中，有些細絲「宛如淺棕色的羊毛。僵硬、凌亂、如皮革的橄欖綠海藻。」

到了二十世紀之交，新一代的女性藻類學家出現了。我在閱讀水產養殖時，發現好幾篇文章談到一位有「海之母」稱號的英國女子。我讀到，日本漁民在一九六三年為她立起雕像。藻類學家凱薩琳・瑪麗・德魯－貝克（Kathleen Mary Drew-Baker，譯註：一九〇

—一九五七年）從沒去過日本，但是其海藻研究讓她獲得日本海苔產業救星的美名。在一九四〇年代晚期，日本的海苔產業一度停滯不前。通常在每一季，海菜養殖場會從插在潮水裡的木桿，採收大量海菜，但在經過幾次颱風及戰爭蹂躪之後，木桿上空空如也。不過，在二十年前，英國人德魯—貝克曾以威爾斯紫菜屬海藻做實驗，成為第一個記錄此物種生命週期的人。她在實驗水缸中裝滿水與紫菜屬，然後扔進一些貝殼，藻類的孢子就會附著在貝殼上。久了之後，貝殼上就會長出有粉紅色薄膜的藻類。在當時，這個物種被稱為殼斑藻（*Conchocelis rosea*），但她仔細觀察實驗水缸之後，德魯—貝克明白，這只是紫菜屬的年幼階段。這種海藻仰賴雙殼綱貝殼來繁殖，之前沒有人知道這回事。一九四九年，德魯—貝克的研究終於登上《自然》（*Nature*）期刊，解決了地方上海苔產業的關鍵謎題，進而挽救產業：原本支撐產業的牡蠣繁殖地因為地雷而數量大減，加上暴風雨又摧毀現有的海床。於是日本研究者靠著德魯—貝克的研究發現，協助恢復了產業榮景。

我翻閱一九五八年的《歐洲藻類學報》（*European Journal of Phycology*），看到一頁頁對德魯－貝克的禮讚，在在證明她在這領域的重要性，以及對她逝世無比痛惜。海藻是女性植物學家得以大放異彩的研究領域——從最早植物學榮景的時代，到二十世紀中都是如此。不過，藻類學仍是小眾的科學。讀到這，我在想，那些女子研究海藻時，是否感覺到親切感，因為她們也在世界上扮演中心角色，只是能見度很低，就像海藻的生命泰半是無人注意的。

在波浪下那個看不見的世界，為何會對我們來說很熟悉？研究者思索這個問題已數個世紀，卻不得其解。加蒂曾怨道，要在深水區與危險的岩層露頭上尋找物種很不容易，當代科學家也會因為觀察、採集與為海藻繪製分布圖（mapping）的能力，而受限制。

舉例來說，長久以來，研究者在繪製物種分布圖時，必須潛入水中，有時甚至得進入危險環境。近年來，科學家改以遙測技術來記錄水下的海草群落：透過空拍與衛星影像，從顏色與陰影來了解海底下究竟存在什麼東西。

通常來說，遠洋世界是在闖入我們的世界時，我們才對其有所了解：是在海藻上岸，或在我們沒料到或不希望海藻出現的地方出現時。

尾關露絲（Ruth Ozeki）在二〇一三年推出令人不忍釋卷的小說——《時光的彼岸》（*A Tale for the Time Being*）。在小說中，主角（名字也是露絲）發現了一個Hello Kitty便當盒，裡頭裝著日本青少女的東西，全都放在密封夾鏈袋中。這些東西是因為日本發生大海嘯，漂流到太平洋，最後沖到卑詩省的海岸上。塑膠袋在堆積糾結的公牛海帶（bull kelp）下閃亮著微光，宛如一隻水母，那是躲過過往災難的護符，也具體呈現大海促成的遷移。

尾關的情節反映現實。二〇一二年，日本東北大震引發海嘯、海洋衝上大地後的十五個月，青森縣一處浮動碼頭被沖到奧勒岡州瑪瑙海灘（Agate Beach）。幾個月前，專家就料到碼頭會來到這：美國國家海洋暨大氣總署（National Ocean and Atmospheric Administration）已設法預測海嘯的殘骸會漂流到何方，並著手繪製地圖、計算時間、風險與可能軌跡。根據美國國家環保局（EPA）在部落格發布的文章，這座六十六呎長的混凝土與鋼構碼頭，「覆蓋著非北美原生的生物，包括海星、藤壺、貽貝、端足類與藻類。」

在碼頭來到奧勒岡州之後，過了幾個星期，新聞報導列出了物種名稱，彷彿敵軍部隊登陸，前來發動戰爭。又過了十年，相隔兩大洋之遙，我點閱美國公共電視網（PBS）、全國公共廣播電臺（NPR）、《衛報》（*The Guardian*）與奧勒岡現場（Oregon Live）的新聞網站文章。我想知道人們怎麼訴說這則故事；這些非原生生物——在大自然強迫之下飄洋過海，之後從碼頭表面被刮除、採樣、燒毀與掩埋——會被賦予何種特色。有篇文章告訴我，浮動碼頭被「截斷」，之後文章列出其他上岸的殘骸是如何「被」摧毀的。「炸藥、凝固汽油彈與魚雷。」看起來碼頭及附著其上的東西，都準備發動入侵。雖然專家不認為碼頭有輻射性，但根據報導，它依然是危險的，都是危險的漂流物。

我讀到橫渡五千哩的物種清單。有褐藻與紅藻、石蓴屬（sea lettuce）與其他海藻。我在某大學網站，看到這些物種的拼貼圖，我把影像放大。較大型的動物有名稱與圖片，但較小的生物就只粗略帶過：「四種以上的藤壺、十一種軟體動物、三種以上的端足類。」我讀到肉球近方蟹（Japanese shore crab）——「一年繁殖多次，數量能很快超越並驅逐原生蟹」——以及多棘海盤車（Northern Pacific seastar），「食量貪婪」，可能「毀滅其視為獵物的原生物種。」在這些物種當中，我看到熟悉的名字：裙帶菜（wakeme kelp）。

以烹飪來說，裙帶菜（*Undaria pinnatifida*，譯註：另一個常見的名稱為海帶芽）的甜味與口感備受推崇。由於味道溫和，很適合加入沙拉與湯中。薄薄的海帶芽漂浮在湯中，不像其他較厚且濕軟的巨藻。然而入侵生物學家認為，這個物種該歸入世界上最嚴重的入侵種，在歐洲是「第三大入侵海藻」。裙帶菜原生於東亞海岸，在海岸附近的淺海區邊緣茂盛生長：從低潮線到十八公尺深的地方、淺水區、河口灣，以及彷彿要強調我們的命運如何相繫一般，也可見於碼頭這類的人造建物。

裙帶菜如今是擁有「全球非原生分布範圍」的物種，不只是因為出現浮動碼頭這種異常現象，大部分其實是拜貨運產業的船身與壓艙水所賜。再看一次：裙帶菜到處都是，但依然不屬於當地。

裙帶菜如今穩定在英國、歐洲、澳大拉西亞與美洲沿岸生長。雖然根除計畫沒什麼成果，有些地方卻拓展出其他可能性，例如種植與收穫裙帶菜，供商業使用。

在冬天午後，我常煮年糕湯，撒上綠色的入侵海帶芽絲。我會把它切碎，放進速食麵，也會炒一炒，讓吃素的我能攝取碘與維生素B群。我從包裝上看到，那是一家位於加利西亞的公司，他們的產品是西班牙與葡萄牙海岸的手摘海菜。他們上傳Instagram的那些圖裡面，在食譜靈感與產品置入行銷貼文之間，有自由潛水者在水底下抓著裝滿藻類的網子照片。這裡沒有提到裙帶菜是入侵物種，照片只標記出「保育」（conservation）與「生態」（ecology）之類的字眼。裙帶菜是「超級食物」。

這時，我的希望瓦解了。我原本想要了解海藻本身，而不是海藻如何供我們使用與分類。因為海藻依然和我們、和人類的故事密切相關。因為我們在世界各地的移動不可能輕易取消。我們驅動欲望向全球各處前進，海藻就是我們的乘客。

那麼，海藻究竟讓世界呈現出何種可能性？

我熬夜滑手機，看三十秒的影片，雖然很少會停留夠久，把短片看完。我滑過食譜示範、旅遊短片和親職教養建議。最後，我停在一支巨藻林的影片上。影片很短，只有十五秒，但足以讓我停下來看。

我們在游泳——會說我們，是因為這段影片給予觀眾第一人稱的視角——穿過一片大約十五公尺深的水域。下方的水是深藍色的，上方則是雲朵色。光線經過水面被過濾成明亮的光束，而我們平緩穿過搖曳的巨藻林。這些巨藻帶著棕色與綠色，長葉直立，彷彿是從上方懸浮，而不是從底下的岩床冒出。一條不知名的大魚在爵士與lo-fi（低傳真）背景音樂中，在巨藻林中穿過。我手指從螢幕挪開，讓影片繼續播放、再看一次，電子鋼琴的樂音循環播放，穿過另一個世界的游泳過程沒有終點。這是我幾週以來，覺得最心平氣和的時刻。

或許，我永遠沒辦法更接近巨藻林。巨藻林分布範圍涵蓋世界海岸線的四分之一，有助於預防海岸侵蝕，也吸收大量原本會排放到大氣層的碳。但除了潛水員以及靠海岸維生的人之外，鮮少有人靠近過巨藻林。就像在遠方融化的冰川，或是我們自己攜帶、卻看不見的病毒，我們難以理解鮮少目睹的海藻，如何與地球上的生命密不可分。

不過，我們思考海藻的方式，和巨藻林的命運息息相關，哪怕我們只視之為海中雜草、視為他者。海藻也仰賴我們訴說其故事。

在南非海岸，有一片最近因為紀錄片《我的章魚老師》（*My Octopus Teacher*）而名聲大噪的海域，現在倡議者正努力為野生巨藻林建立身分認同，盼能保育這片巨藻林。海洋變革計畫（Sea Change Project）的故事訴說者、製片人與科學家網絡把這裡稱為大非洲海洋森林（The Great African Seaforest），是很重要的生物多樣性生態系統。

梨形囊巨藻（*Macrocystis pyrifera*）在攝氏十到十五度（華氏五十到六十度）長得最茂盛，然而，海洋無法再穩定維持這種溫度。由於地球暖化，巨藻林正在消失：以澳洲與塔斯馬尼亞為例，原本遼闊的巨藻林如今只剩下百分之五。

現今我們知道，海藻體內會記錄這種快速的變化：加州海洋記憶實驗室（Ocean Memory Lab）會使用有百年歷史的海藻樣本，萃取過往海洋環境的資料。十九世紀藻類學家與愛好者所採集的植物標本，現在成為海洋科學的紀錄，通常比我們當代的紀錄還早。這些海藻在纖維中儲存資訊，讓科學家能把歷史資料記錄加以延伸，這些資料包括上升流，也就是從海洋深處衝向表面的養分，此外也有污染的資料。科學家可以透過過去的基準，繪製出海洋健康未來的情況。

而除了過往以及飽受威脅的現況，藻類在我們對未來的想像中占有一席之地。我們對於海藻的夢想，不僅侷限於海洋。

一千四百年前，有幾種海藻進入了智利南部的人類家庭飲食中。一千七百年前，左思寫過人們大量種植與食用紫菜（*Porphyra* sp.）的事。西方人對於海藻栽培的知識，要追溯回十七世紀，當時殖民者碰上了東亞與東南亞的水產養殖文化：放眼望去岩石成行排列，供紫菜生長，樹枝與竹竿插入淺海讓海藻攀附。但是究竟如何掌控海藻的生長仍屬未知之數，直到其孢子模式的知識（德魯－貝克記錄過）廣為流傳，才讓人把握到關竅。到那時，海藻才能以生產線的規模栽種——這種轉變在一九五〇年代整個亞洲發生，西方則是到近年才採用。如今，巨藻與其他藻類正推動產業化栽種的未來。北美與歐洲農業正準備轉向水產——記者稱海藻為「未來的食物與燃料」。

我以前是在歷史植物學的書籍上，瀏覽關於海藻的知識，但現在則是於新聞的商業創新區塊，點閱關於海藻的文章。我也看到影片中的無人機飛過平坦黝黑的海面，海上有繩索交錯。將來，藻類會從懸掛的繩索、水槽，以及海床上鋪設的巨大栽培設備上長出來。海藻可用來大規模吸收碳，推動碳信用額系統的機制。海藻可以成為潛在生物燃料的素材，也是碳排放得以降低的牲畜飼料。藻類已經能用來製作生物塑膠，而藻類的蛋白質透過基因技術，可幫助菸草植物更耐旱。在新加坡，有企業家打造藻類垂直農場，海藻在遠離大海的地方也能往上長。西方國家的海藻養殖人有開路先鋒之稱，投資者穿著白襯衫談論獲利。聯合國一份報告指出，海藻養殖是「可觀的氣候變遷」解決方案。今天關於海藻養殖的話語多讓人想起永續性，強調我們的思維和未來的關係多麼深遠——但我遇到的每一回狀況，這些植物都是以資本主義的角度在流動：**海藻是一門好投資。海藻會和養殖鮭魚一樣、會比馬鈴薯種植的規模更龐大。**海藻將會解決我們許多問題。

雖然許多養殖場看起來和陸地上的單一耕作農場差不多，但有些人會混養海藻，例如有些漁民會發揮企圖心，想尋找漁獲之外的謀生之道。他們認為自己的養殖場可以當成暴潮的緩衝，也可以成為養殖生物的新棲地。雖然規模較小，但他們一樣抱著樂觀的夢想。

我站在馬蓋特（Margate）海岸邊忍受風吹，很難想像這一切都是源自纏著我靴子的巨藻。這裡是英國海藻的生產重鎮，而世界晚近的歷史也碰觸到這裡。來自美洲的馬尾藻（wireweed）如今在此生長、成簇漂流，其他生物因此沿著海岸散開。有人說，馬尾藻或許是英國最成功的入侵種。雖然根除這種藻類的努力多半徒勞無功，在歐洲依然缺乏明顯的商業用途，研究人員還是想向東方取經：他們寫道，韓國人會吃。在中國則運用於水產養殖。

海藻或許越過了人類的邊界，但也和我們對未來的想像緊密結合。藻類蘊含著我們最大的恐懼，以及最崇高的壯志：氣候變遷與生態崩壞；碳捕集與培殖。身為雜草，海藻拆解了科學典範、政治與國族主義，以及要求環境、物種與人維持現狀的一切事物。

碩大雨滴落入海中，海鳥快速朝著從潮水中露出的礁岩飛去。今天我數了沙子上有八種海藻，但還沒有算完。狗兒甩了甩身上的沙子，跑去嗅聞打開的牡蠣殼。我在海灘上行走，閃躲海浪，我知道海藻教我們要讓人類世界的堅硬邊界軟化。

# 6 茶的用字

我小時候，「茶」代表兩種不同的東西：一種是裝在白色陶瓷馬克杯中，加了奶的太妃糖色飲料，我會和爺爺奶奶一起享受這種溫暖的飲料；另一種是和外公外婆吃點心的時候，要倒入小杯子裡的金色熱飲，裡頭還有茶葉漂浮。我們和許多人一樣，認為喝茶能帶來慰藉。透過喝茶，我學會愛上先苦後甘。杯底那不帶甜味的苦澀飲料，覆蓋著我的喉嚨深處。

在奶奶家，每個人都有自己的杯子。我的是有黃色條紋的馬克杯，還有一指寬的把手。我就是在這裡學會顏色的：奶奶教我畫畫，也教我如何把牛奶倒入杯子裡的茶；要加多少，端視那是誰的杯子。

我學會調出自己喜歡的味道：茶的顏色要像餅乾，還要有尚未攪拌的牛奶痕。每天下午，我會把裝滿茶的杯子放在琺瑯小托盤上端出去，托盤上有黛安娜王妃的肖像，並擺著一小盤餅乾。不知怎地，加拿大郊區竟然買得到消化餅與吉百利手指餅乾。有時候，奶奶會做威爾斯蛋糕。茶代表著照料的行為，也可是說歡迎的方式，宛如一扇門，通往祖父母留在南威爾斯的家。如果聊天時冷場，那麼茶是打開話匣子的好辦法。

至於在母親家族這邊，茶是在熱熱鬧鬧的場合喝的：午餐席間大聲的對話，而年紀還小的我就在杯子碰撞聲中，學會為臺灣長輩倒茶。我學到，別讓茶杯變空；如果茶壺裡沒水，就要把蓋子掀開。我們多半是喝香片，琥珀色的回甘滋味最能中和醬油的鹹味。芋頭卷與蘿蔔糕在我盤子上留下油漬，但是喝口茶，就能保持口中清爽。在桌上、在我手上的小茶杯，都有裊裊蒸氣升起。

這兩種茶不是同一回事，至少乍看不是。我無法想像兩邊的祖父母會以對方的方式喝茶。然而，在他們離世幾十年後，我現在赫然發現，這個想法挺怪的。我從來沒去想這些茶飲是來自相同的植物——茶樹（*Camellia sinensis*）。我也從沒思索過，這種植物在世界各地遷移了數個世紀，以及其如孿生手足的文化史是如何寫在我身上的。

茶樹有小白花，而鋸齒狀的光滑綠葉，邊緣會收攏成尖尖的一點。茶樹會以灌木或樹木的型態，從喜馬拉雅的山麓延伸到中國西南部的野地。在數千年的生命中，茶樹可以長到十五到二十公尺（請別與提煉茶樹精油的澳洲茶樹〔*Melaleuca alternifolia*〕混淆）。據信茶樹的發源地和米、柑橘類與諸多作物一樣，是在東喜馬拉雅廊道，那裡曾是人類移動到亞洲的通道。因此，茶樹是和遷移關係密不可分的植物。

茶文化可追溯到和這些遷移同樣久遠的年代。我觀察「茶」這個中文字，看到葉子從山上的茶園長出來。不過，這個字的含義可複雜得多：「茶」有從康熙字典編號第一百四十號的部首「艸」（艹），還有編號第九號的「人」。茶樹在東亞栽種時是灌木型態，取其嫩芽。而馴化茶樹並加以運用的文化發展了約五千年。正如這個字提醒我們的，對於茶樹這種植物的理解，要透過它與人的纏結來看。

在歐洲，五百年前才出現關於茶的紀錄。瑞典植物學家林奈以制定西方植物命名法而聞名於世，一七五三年，他將茶這種植物分類，雖然林奈並未在野外看過這種植物。他依據另一位採集者寄來的樣本，將這種植物稱為中國茶（*Thea sinensis*），後來又區分成紅茶（*Thea bohea*）與綠茶（*Thea viridis*）。不過，這種區分很快被證明有誤，因為兩種其實都出自同一種植物，今天稱為茶樹。

茶樹是絢麗的山茶屬（camellias）中一種樸素的植物。我們會在花壇上看到數千種經過雜交的觀賞用山茶花，綻放著色彩繽紛的重瓣花朵。但茶樹不一樣，大部分是綠葉，只長出零星不起眼的花朵。雖然有這種差異，觀賞用的山茶花卻有很長的歷史會被和茶樹混淆：十八世紀，植物學家把山茶花（*Camellia japonica*）從菲律賓與中國引進歐洲時，原本被分類為中國茶樹。茶樹和其他山茶屬植物進一步混淆的狀況甚多，部分原因是由於還有其他山茶屬的葉子可供泡茶飲用。

這一點讓我很傷腦筋，就像西方植物學家想要了解在國外旅程中蒐集到的植物知識，並予以系統化，但是他們對於像茶樹這種有用的植物，一直到十九世紀仍只有零星的知識，就算當時那些植物有進口的經濟效益也一樣。缺乏知識並急需改善此情形，將深深影響到英國與產茶區域的關係，且這層關係不無問題。

在十七世紀與十八世紀，植物與其產品在世界各地流動——新世界的植物進入歐洲，殖民者也將舊世界的植物帶到世界各地，想在其他地方複製他們熟悉的植物相。茶葉就像許多引進的貨物，一六五〇年代引進英國之後很快廣受歡迎。但是，茶樹這種植物與加工後的茶葉之間仍有很大的落差；英國進口商不知道如何把茶葉製成好喝的飲品，於是仍深深仰賴與中國的貿易，而中國又嚴加控管茶葉的生產與出口。

起初，英國銷售從中國進口的茶會被課以重稅，因此和糖一樣，資金會回歸到帝國運作，尤其是用來供應皇家海軍與英屬東印度公司。雖然有這些成本，但引進後一個世紀，隨著關稅廢除與價格降低，茶變得比啤酒還要受歡迎。早餐要喝茶、下午要喝茶，雖然價格相對較高，但貴族與平民百姓都喝得起。

隨著茶在歐洲社會廣受歡迎，菸草與鴉片罌粟也興起。而在中國，兩種同時都在使用。由於中國需要英屬東印度公司出口的鴉片，這項需求讓英國人能取得茶，而中國只接受以白銀買茶。英國的白銀沒那麼多，為了賺取白銀，英國在印度殖民地種植鴉片再拿去販售，以獲取財富。英國仰賴鴉片貿易，但是中國朝廷於一七五三年下令禁止，因此基本上鴉片貿易會違法，運輸要透過巡防艦隊交給中國走私者。到了一七七三年，英國成為中國最大的鴉片供應商。接下來幾十年，中國對貿易的不滿持續累積，局面愈來愈緊張。一八三九年——英國皇家藥用植物學會（Royal Medico-Botanical Society）教授喬治·席格蒙（George Sigmond）在這一年宣稱，「與〔茶〕建立起密切關係」，是英國「國家的首要之務」——英國捲入了第一次鴉片戰爭。

這是一段糾纏不清的複雜故事，大部分無法在此說明白，可能需要一整本書的篇幅來闡述。但是在茶葉的故事中，有些細節我無法忽視。

戰爭結束時，雖然英國得到香港，可在這塊領土上從事貿易，但除了上海等通商口岸之外，外國人幾乎是嚴禁進入中國。東印度公司有感於日益仰賴與中國的貿易，因此期盼能在阿薩姆等殖民地的土地上生產茶葉——大部分是透過契約勞工的勞動。要取得植物還算簡單，幾十年來，植物採集者已獲得品質普通的種子，並帶到印度種植，但成果不亮眼。英國缺少的是高品質種子，以及實際的技巧，把種子轉變成我們所認識的茶葉。

一八四八年，英屬東印度公司派植物學家福鈞進入中國。他才剛上任切爾西藥草園（Chelsea Physic Garden）的管理員，而他之前在中國的旅行經歷引來公司的注意。福鈞的任務是要取得足夠的優質茶樹，以及弄懂如何製茶，於是他忽視中國朝廷禁止外國人進入的禁令，從安徽與浙江潛入內陸。

福鈞在《中國茶鄉之旅》（*A Journey to the Tea Countries of China*）一書中，寫到他抵達之前的一個事件，也就是當地的船夫因為帶外國人到國內而遭懲罰。因此在僕人的建議之下，為了抵達徽州——對歐洲人封閉的鄉間——福鈞把自己喬裝起來。「僕人幫我取得中國服裝，還有前幾年理髮師處理好的假髮辮…… 穿上這套服裝很簡單，但是我也得剃頭……之後，我裝扮成穿著這國家服裝的人，僕人與船夫都對我的成果相當滿意。」福鈞的服裝與髮型都仿效中國人，彷彿沒有人會注意到差異。他比許多歐洲人更深入中國，觀察到茶的栽種、採摘、乾燥與茶葉加工。在旅行最後，他雇用了幾名中國專家前往阿薩姆，傳授他們的看家絕活。

當然，福鈞承認，確實也有其他選擇。他可以找中國間諜代他出馬，但他不信任他們會確實完成這趟旅程，或者交給他真正的植物與種子。「別信任中國人的誠信度。」他寫道。相反地，他親自踏上這趟旅程，稱之為「滲透」。我並不打算以不公平的方式來解讀福鈞——他坦白承認，他對中國的描述本身並不厚道。但是，我對他的努力在今天受到定位的方式感到不自在。

在這段期間，歐洲植物學界充滿以植物獵人為標籤的俠盜、冒險家、拓荒者，通常也模糊了當地專家、引導者與勞工網絡的面貌，是這些人協助植物學家取得植物，之後讓他們「引介」到西方。福鈞的故事並沒有讓我很驚訝。他的故事在有關茶的大眾歷史敘事中很強勢，而我難以忽略這件事。即使到了今天，福鈞的旅程仍被歸類為帶有冒險性質；在莎拉．羅斯（Sarah Rose）所撰寫的歷史普及著作中，福鈞被架構為間諜，或甚至是小偷。在其他地方，他被描述為走私者與英雄。

阿利斯泰爾．瓦特（Alistair Watt）在一篇福鈞的傳記中，懇求讀者不要把福鈞轉移植物的行為，用我們今天智慧財產或生物剽竊（亦即把製茶技巧視為專有知識）的框架來詮釋，而是要把他的旅程視為時代的一部分；當時植物就是會在世界各地到處遷徙，從強權帝國進進出出。確實，正如先前提到，植物交換的確是在帝國建立過程中雙向進行。但在讀這段歷史時，我無法不體認到權力會以毀滅性的方式移動——茶的貿易會和糖的需求緊緊相繫，因此也和維持加勒比海的糖業造成的跨大西洋奴隸交易相連。此外，英國靠著契約工人種茶，並努力鞏固與中國的不平等交易，而他們在交易中主要仰賴鴉片。

無論是盜賊、間諜還是冒險家，這些框架全都說不通。我無法把福鈞浪漫化為俠盜，或認為他的行動無惡意。我們從沒多久前的事件——推倒奴隸交易者的雕像，以及歸還掠奪的文物——就知道重新想像與評估帝國的歷史，這對於文化敘述的去殖民化很重要。雖然中國茶的生產就此轉向亞洲市場與綠茶，遠離英國的紅茶需求，但我無法忘記歷史學家露希爾・布羅克威（Lucile Brockway）的話。她寫道，在這樣的情況下，「一群訓練有素的植物學家背後有國家的支持，他們也準備與政府合作，要將想得到的植物從較弱的國家帶走，到英國國土上生長發展，由英國掌控。」

我受的是歷史學訓練，但讀愈多關於福鈞的故事，我愈會把這段歷史與我個人相連。有時我覺得這樣挺傻的，陷入偽客觀性與自己膚色的主體性之間。我是混血兒——英國、臺灣，外公外婆出生在中國——然而，我從來不被當成完全屬於其中哪一邊。因此每當我讀到福鈞，發現新框架或為他的工作辯護的文字時，我的思考會回到一件事情上，亦即在他出發之前的某天，他在頭髮上縫上假髮辮，穿上漢服，偽裝成中國人。彷彿中國性只是一套他可以穿上的服裝。

茶樹以及我們從茶樹製作的茶飲承載著許多意涵。我透過茶在中國、臺灣與英國所呈現的樣子，從日常家庭儀式來了解茶。當然，茶跨越文化與傳統，成為備受重視的飲品，那不光是我的文化與傳統。茶顯然是有政治性的：想想看美國歷史，茶代表了反叛，而且在今天茶黨、倒退的民粹保守主義中也反覆出現。在十六世紀，日本茶道被應用到軍事與政治目的上；在一九二〇年代，伊朗的茶普遍化，取代了咖啡，從而壓抑政治異議分子。茶是世界上第二普遍的飲品，僅次於水，是標示出人生重要階段儀禮的方法，不光能在生活中提振身體，也代表社會聯繫。

今天，茶依然有政治性：茶主要種植在生物多樣性的熱點，但是茶的單一耕作會違反地方生態的永續性。就在為了供應全球需求，使得大片的森林遭到砍伐、開闢茶園之際，其他山茶屬也面臨棲地流失與瀕危的問題。茶園的勞動向來危險——有薪資不佳、住宅環境不安全，以及各種違反人權的情況——這提醒我們，和過去「種植園」有關的種種可怕情況，實際上並未成為過去式。

常有人說，一種語言如何稱呼茶，完全與帝國時期的貿易如何運作有關。如果從海上（sea）來就是「tea」，如果是從陸地，則是「cha」。如果你的文化最初取得茶的時候，是經由從中國南方福建出發的貿易路線，你的語言就可能會和閩南語的「te」類似，例如thé、Tee或tea。如果你是透過陸路來取得茶，你可能會以官話的茶（chá）來稱之，例如chai、shay、cha。貿易與帝國的移動概念，寫進了茶這種植物，以及我們如何描述這種植物的方式。近期關於茶最完整的歷史，並不是歷史學家或植物學家撰寫，而是由語言學家喬治・范德利姆（George L. van Driem，譯註：一九六七年出生的荷蘭語言學家，又名「無我」）訴說的。

所以，在明白了帝國的活動不完全留在過往，也無法完全抹滅之際，我該如何思考茶？知識與歷史的轉變，端視於是由誰說故事。

我成年之後開始重新學華語，彌補孩提時代週六上中文學校時的憎惡之意。我每個星期與小美（Mei）在線上上課，她會帶領著我，教我那些我聽了一輩子，卻從未真正理解的字。有時候，她會揶揄我語言上的怪異斷層，因為我認識的句子如今似乎老氣橫秋，畢竟只有一個人會和我說中文，也就是我母親，而她過去四十年來也都是住在全英語的環境中。

我們剛開始上課時，小美請我讀一段關於購買波霸奶茶的對話。她扮店員，我扮顧客。等到要翻譯的時候，她似乎很訝異我這次對話說得多麼流暢：我知道要點茶飲的每個字，這是我們每週對話練習時少見的成就。我承認，這是我最早要求自己務必要背起來的東西：彷彿知道怎麼點珍珠奶茶、半糖少冰，就代表著我在母親文化中的歸屬感。

當然，歸屬感沒有這麼單純。而且思考這件事，可能洩漏出我的「外僑特質」（overseasness），以外來者的位置往內探視。不過，想要一杯屬於自己的茶，那份不容妥協的渴望無法動搖。所以我練習這樣點：一杯檸檬綠茶，少冰。兩杯烏龍茶，熱的。

我成長的城市沒有中國城，雖然現在商店美食街有熱鬧的火鍋店與泡沫紅茶店。我小時候，家人還得開兩個小時的車到多倫多，才有這些東西。我們會把車停在登打士（Dundas）與士巴丹拿道（Spadina）交叉口的立體停車場，爬上混凝土階梯，然後就來到一條充滿五香與車流的巷子。我們會到狀元樓（Champion House）吃北京烤鴨，之後，媽媽會牽著我的手，沿著街區走到天仁茗茶。我們每一次到這家店，母親必定會提醒我，天仁是知名的臺灣品牌。我會點點頭，在紙杯中裝滿試飲茶，而她會和店員聊天聊好久，選購我們回家之後她幾乎連喝都沒喝的茶。現在回想起來，或許身邊有茶，就會讓她覺得更靠近故鄉。

成年後，我離開加拿大，搬到英國、德國。回到加拿大、回到英國、到臺灣，又回到德國。我愈常在國與家之間遷移，就愈能理解母親為什麼買茶。買茶，是為了把熟悉的東西蒐集得更近些，彷彿只是想要握有這些東西。上一次搬回英國時，我找不到喜歡的散裝香片，這讓我沒有道理可言地心煩意亂。我鑽進華人超市的走道，拿起每一盒茶葉，判斷足不足以滿足我的要求，但屢屢失望。每一盒似乎都是茶包。茶包！我打電話給朋友抱怨。即使每天下午在午餐後，先生和我都是以茶包泡約克夏奶茶。不過，茶包樣態的香片感覺就是不對勁。為什麼我對這件事情這麼挑剔，而且只在這種背景下會如此？我想，是因為我認定香片就是該有什麼模樣，堅持要怎樣才算正統。我只能說，茶在我心目中能帶來某種我無法完整表達的情緒，會影響我對日常生活與儀式的感覺。一定要怎樣做才正確。

我回過頭想想自己是以什麼字來表達茶——包括 tea 與茶這兩個

字——赫然發現，自己竟然無法選擇。我在想到茶的時候，無法不體認到我自身文化以及其帝國的遺緒。而茶樹這種植物的遷移，已深入我的骨子裡。

# 7 擴散

在東方路（Orient Way）上，貨車呼嘯而過，掩蓋住他的說話聲。每隔幾秒，順風會沿著路邊陣陣襲來，夾雜著汽油味，樹枝全在顫動。我們十二個人擠在公園旁野化的步道上等待引導，展開保育志工活動。我們是要植樹，桶子與手推車中裝著小樹苗，但是帶團的志工卻停下來，跟我們說起雜草的事。

「差異在此，」強尼伸出戴著手套的手，比著和他的頭一樣大的葉子，「這個可以碰。這是原生植物。看見沒？葉子比較圓。」他指著另一個比較大的樣本，葉子突出為尖銳如牙的點，這植物上塗著一道螢光噴漆。「這個呢……千萬不要碰。」他繼續描述，如果碰到這種植物的汁液，可能造成植物化學物質灼傷，留下好幾年的痕跡。我這組有個年輕人聽了不禁皺眉，之後再看看葉子，好像要把這種植物葉子的樣子鞏固在記憶中。

強尼讓我們看的，是英國原生的椎獨活（hogweed）與原產於中亞的大豬草（譯註：椎獨活俗名為hogweed或common hogweed，學名為*Heracleum sphondylium*；大豬草俗名giant hogweed，學名為*Heracleum mantegazzianum*，兩者皆為獨活屬，後者毒性遠高於前者）之間的差異，這時我赫然發現，原來步道上有這麼多大豬草沿途而生，著實令人訝異。我得知，這些噴漆是為了突顯出這植物，方便市府以除草劑摧毀。沒人知道市府何時來除草。另外一位志工是穿著藍色雨衣的退休人員，每次活動都不缺席，他告訴我，附近有塊廢棄土地上長滿了大豬草。他說，這條步道上的獨活屬種子，都是來自那快荒廢土地。

大豬草原生於中亞，在歐洲與北美有最糟外來入侵種之一的惡名，生長力旺盛，又有危險性，因此被稱為「英國最危險的植物」。

但就像如今被視為有問題的所有外來種一樣，大豬草起初是為了觀賞用途引進歐洲。巨大炫目的白色繖形花序，在十九世紀備受稱讚。除了花園以外，這個物種在受到破壞或忽視的土地上長得相當茂密：河岸、鐵道側線、荒廢土地。我們地方上的公園原本是維多利亞時期的垃圾場，位於從沃爾瑟姆斯托（Walthamstow）延伸到斯特拉福（Stratford）的奧林匹克公園大片無人看顧的土地，直到最近，才有人再度認為這塊地「有用」。我們得知，大豬草早就在這塊地上安居。

在我深愛的植物書籍上，理查・梅比（Richard Mabey）說雜草這種植物「阻礙我們的計畫，或破壞了我們整齊的世界地圖。」這種措辭反映出許多事：請留意「我們」出現在兩個子句，或者「阻礙」這個語詞說出我們可能如何判斷這些植物。最後——「整齊的世界地圖」總是讓我覺得好難忽視。因為我們是在地圖上畫出邊界，大部分的植物是不會認出邊界的。大豬草跳躍過附近荒廢土地的邊界，擠到愈來愈熱鬧的步道植叢中。有幾種樣本已出現於哈克尼沼澤

（Hackney Marshes），但在那邊，整個夏天都有當地人在利河（River Lea）河岸泡水。種子靠著風與水的傳播，從一個受忽略的無用之地進入一塊領域，這塊地在奧運投資之後，近年才由房地產投資者鯨吞蠶食。

老實說，我從來不曾一想到雜草就擔心，或許是因為我小時候是在加拿大市郊度過，那裡通常都會在草坪上灑除草劑。一年會有幾次，整個社區會看到好些鐵絲框架，上頭掛著小小的毒藥告示，於是我們會知道誰家的院子最近有噴藥。唯一的雜草，似乎是偶爾出現的蒲公英叢，還有幾簇酢漿草，徒勞無功地想要移居到綠油油的草地早熟禾（Kentucky bluegrass）上。克羅斯比曾分析過植物從英國移動到全世界的方式，宣稱「太陽在蒲公英國度從不落下，」但對當時的我來說，蒲公英就只是無害的花朵，盡力在它們並不受歡迎的地方茂盛生長。我認為，整個市郊對幾種流浪植物發動這麼嚴厲高壓的戰爭是沒有意義的。我十五歲時讀了《寂靜的春天》（*Silent Spring*），決定要發送反對生物滅除劑的傳單給所有鄰居，卻得到地方人士冷淡的回應，家人也覺得尷尬。或許可以說，那段沒人放在眼裡的青少年反抗插曲，讓我迷戀著我們稱為雜草的植物。

不過，大豬草確實會造成某種威脅。在那一回保育活動過後的幾週，我發現自己會告訴許多遊蕩到灌木叢的公園訪客——其中一名還只穿四角泳褲——別碰那些他們本來要摸的植物。我發現自己在對陌生人說明什麼是感光性灼傷，心裡一面想著自己在東倫敦的草地上，看到這種植物成叢出現多少次。所以，對於這種經常被貶為麻煩問題的植物，我為何仍感到不自在？

後來在《雜草的故事》（*Weeds*）引言中，梅比提供了另一種框架：雜草只是「長錯地方的植物」。這種常見的修辭讓我想起人類學家瑪麗．道格拉斯（Mary Douglas）為「髒污」下的簡潔定義：「與地方格格不入的東西」。在她一九六六年的著作《潔淨與危險》（*Purity and Danger*）中，道格拉斯說，有衛生儀式的社會——亦即對於什麼是「骯髒」有概念的社會——會力求為環境賦予秩序。這是個創造性的行為，要為我們對世界的體驗建立起一致性與意義。道格拉斯是從人類學的觀點來說話；她把歐洲社會規範與其他社會相互比較，用的是民族誌的「原始」與「原生」等語詞來形容後者。不過，潔淨與危險的概念顯然鞏固了我們的所有行為與社會信念。當代對於潔淨的概念是受到病原體（細菌、病毒）的知識影響，那是僅僅一個半世紀以前，靠著路易・巴斯德（Louis Pasteur）等科學家的努力，我們才能得知的。然而在那之前，我們已經知道什麼是潔淨，什麼是骯髒。透過宗教與社會制度，我們建立起為世界賦予秩序的系統，我們就透過這種象徵性的秩序，知道什麼該歸屬於哪裡。所以，就我們為植物標上「雜草」的標籤而言——或使用生態與保育更常採納的「入侵」或「外來」——這不僅是給予某種植物標籤。我們暗暗指出整個世界應該有怎樣的理想秩序。

不過，這種秩序依然很講究脈絡。在高加索地區生長的大豬草就是一種原生的草，和生長在英國的櫟樹一樣，不再是雜草。同樣地，植物採集者帶進維多利亞時期花園的樣本，起初也完全被當成值得擁有。日本虎杖（Japanese knotweed）曾是廣受歡迎的庭園植物，但現在惡名昭彰，要是哪塊地上有這種植物生根，那上頭的房子恐怕會賣不掉。借用歷史學家哈莉葉特・瑞特沃（Harriet Ritvo）的話，問題就發生在物種「跳上庭園圍牆」之時。梅比注意到，就算是原生植物，例如柳蘭（rosebay willowherb，譯註：又稱火龍草），若持續不斷擴散，也可能被貶為雜草。對於創造秩序的需求，無論多麼任意武斷，那都是人類的習慣：正如瑞特沃寫道，「分類系統的存在本身，而不是具體內容，是人性的常數。」

但就像我們的分類會轉變，我們所知曉的世界基準線已經出現變化。隨著氣候變遷，研究者現在預測，大豬草分布的範圍在二十一世紀中期就會縮減。這並不表示，大豬草就不再是入侵物種，而是說它需要寒冷的冬天，因此要往北移動。其存在並非一定會發生的事實，但是在人為的氣候變遷脈絡下，我們要記住，不能認為植物的入侵與自己無關。雜草的特質意味著遷移，但若非托人類之福，通常也無法移動太遠。

去年夏天，我們離開東倫敦，搬進劍橋的租屋，這樣我工作會比較近。房東母親會突然造訪，來查看花園。我想，她多半是來打量我是否願意照料花園。她會清點屋前花園的灌木叢，在梯子上搖搖晃晃站著，修剪鄰居家伸到我們門道上的婀娜紫藤。完成後，她會指著花園造景區一叢低矮植物的光禿禿之處。她鋪一張防雜草叢生的屏障布，在九月陽光下閃閃發亮。

「那邊本來有醉魚草（buddleia），」她說，「但之前的房客把它拔掉了。」她皺眉，眼神看著我，彷彿要我給個回應。

「真可惜呀！」我就這樣脫口而出，卻默默注意到少了這些植物，就能讓更多午後陽光照進客廳。我也不想告訴她，我不介意雜草長到穿過屏障布，步步逼近，事實上，我有點喜歡這些不斷生長且不規則的幾叢植物。但我也知道，從左鄰右舍眼光來看，缺乏照料的土地會引人側目。不是人人都和我一樣喜歡雜草。

直到幾個月後，我才決定好好清點。我溜進早晨的蔭影下，開始計算有多少物種闖過屏障，強行進入：五舌草（evergreen bugloss）、小花錦葵（cheeseweed mallow）、起絨草（wild teasel）與加拿大蓬（horseweed）。在這些植物之間，還有野芝麻屬（dead-nettle）與酸模屬（dock），以及蒲公英。這些植物高度及膝，伸向每天從前院灑下的金黃日光束。我知道有些鄰居或許不欣賞起絨草，不過我喜歡這種植物能吸引來的鳥類。去年的種子頭還留下一些棕色尖刺的梗，之後也會自行擴張到隔壁。我曾考慮過要在這裡擺幾個盆子——但我已經種了太多番茄，它們又喜歡面西的光線——不過，現在的我懷疑是否真的該讓這塊地「長雜草」。我該撒些本地野花的種子，或是想辦法讓這塊地看起來有人照料。我漸漸喜歡上窗外的這點綠意。我在書桌邊看到的就是這片景致，一邊寫作，一邊看著植物參差生長。我問，我想要什麼樣的植物伴我思考？

在理解離開生長地的植物時會需要一套秩序，這種需求於十九世紀格外明顯。植物採集在十九世紀達到巔峰，新物種的引進改變了世界各地的景觀。因此到了一八四七年，植物學家休伊特・科特雷爾・華生（Hewett Cottrell Watson）出版了《不列顛的希栢利》（*Cybele Britannica*），在書中依照他認為植物該有的分類法，來說明這裡的植物群。華生援引劍橋植物學家約翰・亨斯洛（John Henslow）的研究，說英國的植物可能是**原生的**、**常住的**、**殖民的**、**外來的**，或是**未知**（incognita，表示植物的地位是未知的）。華生——顱相學（phrenology）的實踐者；那是一門透過頭顱預測人類能力、帶有種族偏見的偽科學——過去曾是法律見習生，之後才轉而研究科學。因此他所選擇的三個詞——**原生**、**外來**與**常住**，其中常住是介於原生與外來之間——是源自於公民權法律的語言。

他的文字充滿了建立秩序的企圖。「排列，」他寫道，「是科學的第一要務。」因此他依循國界幫物種貼上標籤：不列顛型（British Type）、英格蘭型（English Type）、蘇格蘭型（Scottish）、高地型、日耳曼型、大西洋型。威爾斯沒有自己的一型。

過了八年之後，瑞士植物學家阿方斯·比拉姆·德康多爾（Alphonse de Candolle）提出了自己的詮釋，分類包括**栽培**、**偶發不定**、**新進歸化**、**舊有歸化**、以及**原始**或**本土**（"Je voudrais trouver des caractères pour distinguer les plantes *cultivées, adventives, récemment naturalisées*, puis *anciennement naturalisées*, et enfin *primitives* ou *aborigènes*."）。他對人類栽培的植物及偶然出現的植物，進行很重要的區分——我們在花園或農場種植的植物理所當然享有路權，只要這

些植物長在該長的地方。提出回應時，華生澄清，只要物種在缺乏人類介入的情況下出現，必定「不可避免」被歸類為本土物種。因此，人類的介入會成為植物是否被視為歸屬於某處的決定性因素。

過了一個世紀，一九五八年，英國生態學家查爾斯・艾爾頓（Charles Elton）出版了《動植物入侵生態學》（*The Ecology of Invasions by Animals and Plants*），也同樣強調人類介入，那也成為是否為入侵植物的區別特徵。艾爾頓著迷於他稱為華萊士領域的「崩解」（breakdown）；華萊士領域是指長久以來世界各地的生物排列秩序。「實際上，」他寫道，「我們在世上所處的歷史階段，經過了來自世界各地、成千上萬的生物種類相互混合，而這會在自然中促成猛烈的易位。」如此坦白的語調貫穿全書。確實，這本書並不是寫給科學專家看的，而是一般大眾讀者，此著作衍生自艾爾頓為ＢＢＣ推出的廣播系列：《平衡與邊界》（*Balance and Barrier*）。ＢＢＣ認為，「入侵」一字有太深的戰爭痕跡。

艾爾頓的文字起初影響並不大，然而在一九九〇年代，這本書引來了許多關注，因為當時關於生物多樣性的考量開始主導保育活動。入侵物種愈來愈常被辨認出來，人們認為這些物種會造成生物多樣性流失。舉例來說，一九九二年《生物多樣性公約》（Convention on Biological Diversity）的第八（h）條——除了美國之外，如今聯合國的每個國家都已批准——說簽約國必須盡量「預防引入、加以控制或根除會影響生態系統、棲地或物種的外來物種。」

從那時開始，「入侵生態學」這個新興領域就會把領域內的用語應用到大大小小的保育活動中：原生物種是好的、入侵物種則有壞的含義。這個概念也滲透到更廣泛的民眾認知裡，即使生態學家認定的事實更加複雜得多。

但沒多久，評論者對這個領域的專門用語有了疑慮，其中許多人都曾辛苦確認某些物種對生物多樣性的生態衝擊。把某些物種分類為「原生」，其他物種則分類為「外來入侵」，這種做法的核心是否是種族主義與恐外心態，隨之而來的爭議如火如荼展開，未曾消停。批評者指出，物種是否歸屬於某地的語言，通常太過偏向、靠近純淨的概念，令人不安。巴努・蘇布拉馬尼亞姆（Banu Subramaniam，譯註：當代演化生物學家、婦女與性別研究教授）在二〇〇一年追溯起全球化的盛行，以及後續對所謂「本土」保育的熱忱，她提到，出於正當關心物種的立場所使用的誇張、警戒語言，會被架構出引起種族恐慌的論調。她引用新聞報導的標題為例——「外來者入侵：它們是綠的、邪惡的，可能正霸占你附近的公園或保護區。」從這裡可以看到，以恐懼為基礎的語言讓植物本身變得模糊。如果外來者的浪潮無法遏止，大自然就無法恢復原來的樣子。

這種疑慮可不是偶然冒出來的。艾爾頓寫下文本之前的幾十年，種族主義與法西斯主義確實訴諸自然，藉以合理化國族、種族或種族純化的行動：在德國，納粹執著於家鄉（Heimat）與真正屬於德國的植物的浪漫觀念，而這項遺緒玷污著今天國家景觀的概念。英國法西斯對於「蒼翠與舒適的土地」以及白人本土性的執念（同樣的這群人又常投票給會導致土地封閉與毀滅的政策），依然保留在英國環境主義的根源中，甚至在自然書寫中也看得見痕跡，這些大致上仍未受到質疑。

我並不是要重新炒作這項爭議，聲稱入侵生態學本質上就帶有種族主義。這種論調往往明顯具體化了查爾斯．珀西．斯諾（C. P. Snow）的論點，也就是兩種文化——科學與人性——依然涇渭分明，雙方都聲稱自己遭到誤會。然而，我的意思是要強調，這裡使用的語言並非中性的——我也主張語言的使用很有關係。

要畫出人類介入與否的界線，愈來愈困難：有時候物種是搭便車，附於鞋底、輪胎或壓艙水來移動，有時是我們刻意以沃德箱運送。該如何看待那些經我們世世代代以來所汰選的種子，以及在實驗室中改造的種子呢？

要找出一條基準線——在那個基準前的人類介入可以算「自然」

的，這有難度。舉例來說，地層學人類世工作組國際委員會（The International Commission on Stratigraphy's Anthropocene Working Group）就花了超過十年的時間，界定我們該以什麼樣的標準，理解人類對地球可能造成的衝擊。但這些問題並不新穎：即使是十九世紀引介植物的文章，也在強調人為力量會影響植物的移動。因此，我認為這也讓我們不得不質疑，人們想要回歸的那種自然，究竟定位在什麼時間、什麼地點。我們究竟認為，對於自然界的介入到哪個程度是可接受的？而我們會在哪一刻，才認知到大加速（great acceleration）的環境遺緒，無法與形塑此遺緒的社會、文化等明顯人類力量的動態分開看待？我們的世界是由國家與條約形成的，因此有許多生物控制得服膺地緣政治的疆界變化。

二〇二三年三月，英國與愛爾蘭植物學會（Botanical Society of Britain and Ireland）出版《二〇二〇年植物地圖集》（*Plant Atlas 2020*），這是一份在不列顛群島上辛苦完成的植物調查。令人驚訝的是，他們發現，英國引入的物種數已超過本土物種（非原生物種有一千七百五十三種，而原生種則是一千六百九十二種）。幾個世紀以來，全球的變化無法、也不可能如願以償恢復原貌的同時，我們又要怎麼住在一個不完美的地區，控管一些物種，同時接受其他物種，**而且用的還是那一套相同語言**？

當然，有人提出不同的選項，尤其現在科學家擔心，錯誤的用語可能掩蓋某些物種呈現的真實問題。例如「本土」（Indigenous）與「非本土」（non-Indigenous）；「授予地區」（Donor regions）與「新環境」（novel environments）；「引進物種」，以及「零期」（Stage 0）或「五期」（Stage V）物種移動程度的分類。有些人建議完全廢除「外來」物種的分類，改成依照影響力——最重要的是損害程度——來建立問題框架。這個觀念暗指的是，曾有段時間，大自然是清新純潔的。

夏天來臨，起絨草與野芝麻屬還是在門前生長。開始有些草侵入其領域，不久這叢植物就會長高、變成淺棕色。整個鄰里都天乾物燥，被太陽曬傷，所有綠色植物的葉子布滿灰塵，看起來好黯淡。鄰居貝琪出門旅行了，我得幫忙看顧她的社區農圃。每天早上，太陽還沒升得太高時，我會過去盤點一下她的植物長得如何。我從金屬水槽裝滿水罐，澆灌高起的園圃。蠶豆上有蚜蟲，因此我從高處把水澆下來，想沖走幾隻。我注意到，沙拉菜圃滿是旋花（bindweed），纏繞著園圃萵苣葉之間的木柱。我擔心，如果我不介入，這塊地恐怕不會茂盛生長。我傳簡訊給貝琪，但她告訴我，她喜歡旋花，因此我不必擔心。在看過園圃之後，我到教堂墓地旁的公園遛狗。狗尾草（foxtail）攀附在牠白色皮毛上，我知道之後得幫牠拿掉。回程中，我們在德福利大道（De Freville Avenue）附近的街道上練習鬆繩隨行，牠得很吃力才能跟上我。

我就是在其中一次遛狗時，注意到蜀葵（hollyhock）。它從紅磚屋的牆壁冒出，比一旁的黃楊木（boxwood）高，也比我高。這株蜀葵莖很粗又有節，奮力長到低矮石牆與人行道交界處，鑽出混凝土牆。再遠一點，我看見一株同樣頑強的蜀葵才剛被砍下，在地上匍匐。一隻熊蜂還在花朵中飽餐，雖然葉子已開始在熱氣中脫水。我回到家時，不禁思索起蜀葵與我那執拗的雜草叢有何差異。於是我上皇家園藝學會（Royal Horticultural Society）網站，查詢這種花朵。網站說，那是「小屋花園的忠實成員」，雖然不是英國的本土植物，但是從十五世紀開始，就在英國生長。這些花朵並非在格格不入的地方生長，無論在這些靜謐的街道上，花長得有多麼貼近邊緣。無論用了多大力氣生長，蜀葵屬於這裡。

我不認為世界的秩序是固定的。我在想，艾爾頓作品中的語言是如何軟化，以符合當今的品味偏好。我想到往北遷的大豬草，我們的地球所熟悉的週期在改變。我們的語言也會變動，一定會。

隔天，我們沿著林蔭大道散步。最後在盡頭處，我看到一間房子，前面完全是粉紅、紅色與橘色，蜀葵在黃磚上怒放。我停下腳步一會兒，近距離觀察這些花朵。花朵占據了整座花園，開始朝著人行道漫過去。它們已包覆起一座路標。沒有人修剪。蜀葵讓這條道路與我的早晨繽紛多彩。它們一起冒險探出牆外，伸向從西邊天空送來的日光。

# 8／苦菜

過了東倫敦的達格南溪（Dagenham Brook），在一處工業用地的遠端，就是龍丹越南超市（Longdan）的倉庫。大片儲藏區搭配小小的商店門面，店裡鋪著混凝土地板，上方有日光燈照亮。通往這個區域的藍色大門平時都是開啟的，一輛堆高機停在倉庫的裝卸貨區。兩三輛購物中總會停在那裡，隨時準備供餐館業者裝滿營業用量的米和魚露，還有香茅（lemongrass）與辣椒（chilly）。外頭磚造建築的角落，無論在哪個季節，總有勇敢的綠色雜草長出來。

我來這家食品超市買河粉和豆腐時，往往會忽略周遭，原因並不是我不喜歡住在東倫敦——不盡然——而是因為，我覺得這條路太繁忙，而人行道又太狹窄，在疫情期間看起來不太妙。不過，這些雜草開始引起我的注意。附近角落有個總是擺著垃圾的地方，周圍有蒲公英茂盛生長。而龍丹超市的大門與建築物那一帶則有小油菜（field mustard），在車流廢氣間，綠葉子看起來灰塵滿布。

那年三月，我把小白菜（bok choy）苗種在托盤上，那是在龍丹超市冷藏區買的種子長成的。我站在一包包的種子前，猶豫老半天，深知家裡沒有多少空間可種。我只有三個深深的窗口花壇，幾個星期前，我才把上頭的天竺葵（geranium）拔除。我看中青江菜（Shanghai bok choy）亮晶晶的銀色包裝，知道這是我常煮來吃的東西。這是熟悉的作物——只不過通常是在超市找到的空運冷藏品，但我想從廚房窗邊直接採來吃。

我首先把棕色種子放進兩個塑膠外帶餐盒，蓋子打開，模仿微型溫室的溫暖與空氣環境。十天後，皺皺的綠葉從土裡冒出，我從沒種過長得這麼快、這麼高的東西。短短幾天，菜苗向著陽光彎曲生長，愈來愈像迷你青江菜，大小和冰箱磁鐵相仿。到了四月中，我把它們移到外頭。為了預防蛞蝓和蝸牛，我還圍了個小柵欄，是先生動用筷子和鋼絲鉗所打造出的銅絲網。

接下來幾週，我小心拿著剪刀修剪外圍葉子，讓中間的嫩葉能繼續生長。我會以小白菜煮湯、配咖哩，所以趁著小白菜還在土裡時，讓它們加倍努力。我在使用這些菜時，菜也繼續生長：厚實的綠菜葉會被白玉色的小葉取代。我明白到五月時，天氣就太熱了，小白菜會長不好——蕓薹屬（brassica）通常偏好較涼的天氣——但我還是讓每棵菜度過完整的生命週期，朝著太陽抽苔（bolting）。

在龍丹超市磚造建築外生長的雜草，和我種植照料的植物其實有親緣，雖然兩者看似遙遠。在兩者之間的差距中，有個問題出現了：關於照料，這種植物想教會我們什麼？

我們現在吃的植物，多半是經過人類的手重塑過：祖先、原住民、農夫、植物育種者、科學家。不過，鮮少植物能像蕓薹屬這樣，為我們的飲食提供豐富多樣性。小白菜就是蕓薹（*Brassica rapa*）的亞種，和許多蕓薹屬的菜種一樣，經過數千年的栽培而脫胎換骨。西洋油菜花（rapini）、蕪菁（turnip）與大白菜（Chinese cabbage，又稱為napa）也都是蕓薹的栽培種（cultivar）或亞種，依據我們對於花、根或葉子的偏好栽培而成。

整體而言，蕓薹屬堪稱世上單一種的栽培物中，擁有最高多樣性的作物。甘藍（*Brassica oleracea*）這個菜種就像小油菜一樣，提供我們各式各樣作物，使我們常忘記以下這些菜都有相同祖先：包括青花菜（broccoli）、花椰菜（cauliflower）、球芽甘藍（Brussels sprout）、羽衣甘藍（kale）、高麗菜（cabbage）、大頭菜（kohlrabi）。大油菜（*Brassica napus*）栽培種能製作成芥花籽油（canola oil），也可以當作牲畜的飼料。

栽培種（cultivar或稱cultivated variety）是為了理想特徵而培育出來的植物種類。我們人類想要什麼，就會決定種出來的植物是什麼樣子。同屬植物會衍生出這麼多種我們熟悉的食物與作物，並幫它們命名，就是來自悉心（有時是意外）馴化與轉變的過程。長期下來的小小改變，一步一步累積了許多年，而這裡所說的甚至是幾世紀或幾千年的累積。所以，從格外炫目的花序中挑選出來的種子，經過許多世代的照料之後，變成了青花菜；葉子核心緊實的，就會變成高麗菜。栽培種就是精心汰選、意外發現、耐心與長期照料的產物。

未經馴化的蕓薹屬就是凌亂的植物，很適合在類似乾旱環境的乾燥泥土上生長。我最熟悉的兩種——我在龍丹超市買的小油菜，以及在海岸較常見的野生甘藍——都可以從青綠色的葉子與細緻的黃花辨認出來。在野外，葉子會較小、較黯淡，比栽培種還厚，但基本上和我們吃的植物並不是天差地遠。我們為自己選的植物類型就只是更具其他特色：花頭（flower head）大、葉子薄、頭部緊實。

但就像許多眾所熟悉的栽培種，它們究竟是怎麼變成高麗菜、蕪菁、青花菜和羽衣甘藍，其實不得而知。因此，這個夏天，在窗臺種下小白菜時，我追溯了蕓薹屬的淵源。結果，我發現故事比我想像的更錯綜複雜——有時候更加不確定。

文字記載告訴我們：人類欲望的力量很強大。人類的欲望也轉瞬即逝，一感受到的那一刻就消失無蹤，但留在世界上的痕跡會保存很久。從鼓鼓的根到皺皺的葉：在我們所吃的植物中，有我們尋找藥物與美食的殘跡，而其基因構成中，記錄著我們在各地的遷徙軌跡。

蕓薹據信發源自肥沃月灣，在整個亞洲的馴化歷史甚為悠久，因此確切的移動路徑已模糊難解。想了解這個故事，需要研究者思索兩條平行線：學者在追溯蕓薹屬基因與分子紀錄時，不僅跨越地理區與時間，還要透過古老文獻對這些植物的記載，加以證實研究結果。植物遺傳學家引用古典文本，而植物學者也從古書的書頁，挖掘植物名稱的語言根源。

以蕓薹為例，基因研究依然不清楚它是在多個地方馴化過多次，或只有一次（最可能在中亞），之後才沿著絲路的貿易路線送到四面八方。其價值跨越了文化與大陸：在歐洲，新石器與青銅時代考古挖掘中，都有種子樣本的紀錄，同時，最早提及這種植物的文獻之一，據說是歷史超過三千五百年的梵文《奧義書》（Upanishads）。其亞種無論是蕪菁或大白菜，在兩千五百年前都留有中文紀錄，從《詩經》到唐代蘇敬於西元六五九年編修完成的《新修本草》都提及過。從基因紀錄推測，加上文字記載證實，蕪菁最可能是蕓薹最早發展出來的栽培種，源自於某個未知地區的野生親戚。後來，小白菜也跟著出現，之後或許是個有點美妙的意外，也或許是刻意將小白菜與蕪菁雜交，總之，大白菜出現了。若搜尋小油菜亞種的基因組，會看出大約與文獻記載吻合的栽培史：基因紀錄告訴我們有變種出現時，會和書面歷史記載相符。

甘藍——也就是青花菜與其他歐洲蕓薹屬的起源——歷史相對較短，一般認為栽培了超過兩千年。關於甘藍的文獻歷史研究，比蕓薹豐富多了，部分原因就是因為時間軸較短。這種理解取徑假定的是，一種物種在某個地方的時間愈長，關於這物種的詞彙就會愈來愈多，但如果是從他方引進的植物，則關於這些植物的詞彙通常會是固定的。因此，學者挖掘古希臘與拉丁文本，追溯一些被認為是我們當代為蕓薹屬取的俗名根源：βράσκη（braske）、καυλός（kaulos）、κράμβη（krambe）——蕓薹屬（Brassica）、莖（caulis）、兩節薺屬（crambe）。這和我今天使用的字詞不算距離太遠：德文是「kohl」、西班牙文是「col」。古希臘文則呼應著我說的「cauliflower」（花椰菜）這個名字。

在追溯這些文字確實出現的地方與時間時，學者試著重建出蕓薹屬在歐亞之間的旅程。不過，以這種方式來了解世界，並不算無懈可擊：雖然有人認為甘藍的發源地是地中海，但也有人說是北大西洋。據信凱爾特人馴化了生長在大西洋多岩海岸的蕓薹屬植物，而他們的歷史多半是口傳的，因此不能排除這個可能性。雖然基因紀錄有助於縮小這種植物的移動範圍，但答案有時就是會從我們的掌握中溜走。

追溯關於蕓薹屬的描述、同義詞與我們當代的用字起源時，連基因學者也說，我們關於植物的知識是靠著歷史、故事和語言而來的。雖然這些植物的變化是人類照料的結果，而我們也努力透過科學驗證其存在，但是要了解、追溯這些演變，同樣還得依賴我們一般所認為的「文化」。這種雙重道路——科學與文學——尋求的是為野生型態與我們栽培的蕓薹屬之間，刻劃出界線。但在理解起源時刻時，我們卻能清楚發現，歷史從來不是簡潔明了的。直到今日，研究人員仍不確定我看見的野生油菜是否屬於雜草，或者不真的是野生植物。那會不會是從我們這裡向外發展，只是逃脫了我們的照料，變成野化植物。

我曾是個怪孩子，味蕾偏愛苦味，而不嗜甜。我會跟母親說要吃炒球芽甘藍——用奶油、紅蔥與料理用雪利酒炒過——但很少想吃甜食。青春時期的我熱愛西洋油菜花，這是一種比較野生的小油菜栽培種。我也愛吃芥蘭（Gailan），又鹹又油，以蒜頭爆香。十二歲的我會坐在玻璃餐桌旁，吃苦味的青菜配麵包。

成年後，我愈來愈喜歡高麗菜。每隔幾個星期，我就會穿越我家旁邊的繁忙馬路，到附近的土耳其食品行買扁扁的淺色高麗菜。買一顆就夠吃一段時間，放在冰箱就能保存得很好，而我會像切麵包那樣，整顆切下去。在商店裡，標牌上寫著這是土耳其高麗菜，但我認為是臺灣高麗菜。它略帶甜味，不是圓球形，而是圓扁形，有緊緊層疊的菜葉。我買回家，切成厚厚的楔塊，以鹽巴和油炒軟，再加蒜與辣椒。週末下午，我會光吃著一整碗高麗菜，心思飄到其他地方：在臺北，阿姨炒的高麗菜會加枸杞。在加拿大，每當我去找母親時，她會把高麗菜搭配香菇一起稍微燉煮。她總說，這是農家菜，但我想不出還有什麼蔬菜比高麗菜更歡樂、靈活、滿載回憶。

我二十七歲時，母親帶我去臺灣的故宮博物院，欣賞最珍貴的雕塑品。那是安靜的上午，只有我們站在昏暗的展間，凝視展示櫃中放在架子上抬高的雕塑。這個雕塑品出自十九世紀不知名的藝術家之手，曾蒐藏在紫禁城宮廷內，一九四〇年代送到臺灣。如今，這個物件不僅是臺灣的珍貴遺產，散居各地的華人皆視為珍寶。觀光巴士來到故宮，敞開車門，讓群眾蜂擁到館內，欣賞這鎮院之寶。在禮品部，這件雕塑的複製品做成磁鐵販售，也有鑰匙圈。這件白色與綠色的玉製雕塑不到二十公分長——翠玉白菜。

某年夏天，在柏林，我和鄰居一同栽種社區農圃。我們在

WhatsApp群組中，提議在自家要種些什麼作物好，我提出候選名單。我選擇綠菜（Grünkohl〔德文〕，譯註：一種羽衣甘藍），認為這是該在社區菜園中種植的作物之一。綠菜向來是德國的主食，在羽衣甘藍（kale）蔚為風潮之前就已經很常見。綠菜會裝在超大的袋子裡——大概和學步兒差不多大——我住在那邊的六年，從來沒辦法把這麼一大包菜裝進冰箱過，更別說確實把一大包吃完。這也是我最早學會的德文蔬菜名詞之一——我大學上德國研究課程時，有一整堂課在談這種菜通常會怎麼吃，一般是燙過之後搭配香腸，或者切碎放進燉煮菜。因此，選擇綠菜感覺是個同化的行為，在試著向德國鄰居表示，我真的能夠成為一分子。

令我驚訝的是，有個較年輕的鄰居告訴我，她覺得綠菜挺沒意思的。她比較喜歡美國羽衣甘藍（American kale）——還以英文名稱來稱呼，讓這種比較柔軟的葉菜，和較硬、葉子較捲的德國綠菜有所區分——並希望我們能種植美國菜種。她說，美國種的比較好吃，也比較酷。其實，我不該覺得驚訝：我們會稱為作物的植物，必定與文化緊緊相繫——這連結不一定只是土地，也包括負責建立、珍視與傳承文化的語言、身分與國家。雖然植物能代表文化，卻不是靜靜孤立的。我們在各種文化與作物之間劃下的邊界，向來比我們想像的還要流動。

於是，蕓薹屬訴說了照料與糾葛的故事，也訴說人類文化的故事。蕓薹屬讓我們看到的不只是我們如何重塑野外，以及野外如何影響**我們**，還讓我們看見民族、語言與文學如何跨越大陸移動：從地中海到東歐，從肥沃月灣沿著絲路，到現代人對羽衣甘藍脆片的追求。

我們很容易忘記，我們日常烹煮與吃進肚子裡的作物曾是野生的。蕓薹與野生甘藍會大量生長——我每天漫步穿過城市公園、路邊，以及高低不平的草原時，都會找這些植物。我們能讓這些植物變得和原本的型態差異那麼大，恰好證明了麥可．波倫（Michael Pollan）提到的觀念；他在《欲望植物園》（*The Botany of Desire*）中寫道：「植物願意與我們為伴，建立親密互惠的關係。」

這種與植物的糾纏並不是過往雲煙，而是以各種型態轉變的形式延續下去。在一九九〇年代，日本種子與育種公司阪田種子（sakata）開發出一種長莖青花菜，是芥蘭與青花菜雜交而來。但那和過去幾個世紀以來，我們緩慢慎思的汰選不同，以前是介於野生、馴化與野化之間的旅程，有時候野生程度依然模糊，而當代的植物育種就是另一回事了。

就像當代多數的栽培種，阪田公司開發的作物在日本稱為「青花筍」（Asparation），被當成一種智慧財產；在美國是以註冊商標Broccolini上市，在英國則是以Tenderstem來行銷。

從作物的野生親戚成為註冊商標，看似漫漫長路，但是在我日常生活中，卻發現這些蔬菜同在一個盤子上：我冰箱裡有青江菜與青花筍，會加入咖哩，我還想像（或許有點荒謬）它們覺得彼此有點熟悉。註冊商標或許有文化中令人玩味之處，但正如雲薹屬讓我們看見的，自然界大部分也是如此。

等到夏季步入尾聲，日光不那麼明燦，早晨日漸寒涼，我把最後抽苔的小白菜收進屋。它撐過了夏日的炎熱乾燥。幾個星期前，這株植物突然冒出黃花——輕盈如羽，如衛生紙一樣纖薄。它們看起來和我在為這篇文章進行研究時見到的野生油菜花照片一樣。突然間，那種野生植物與我們悉心栽種的小白菜之間，距離微乎其微。夜裡，我和先生坐在一起，把棕色種子從種莢中剝下，想像這些種子蘊含的種種可能。我在想的是，明年種植澆水之後，究竟會長出什麼。

# 9 大豆

1. 首先，是買豆子。我找黑豆找了三個星期，最後決定買大豆。我訂了一包，是包在紙袋中的乾燥大豆，一公斤重。送來時，我把手伸進袋子，感受一下。之後，我抽出手來，讓每粒大豆彼此碰撞出聲。我還訂了相同重量的小麥。是深棕色的，又乾又亮。

孢子比較難找，但我還是在網路上找到了，於是抱著滿心期待。醬油麴黴（***Aspergillus sojae***）。它裝在平常用來寄信的那種白色信封。信封裡有個小囊袋，真像零錢包，藻綠色的。

幾個罐子——那是我能找到最大的——需要洗淨消毒。另外要大平底炒鍋，還有湯匙、勺子、溫度計。我需要鹽、水，還有時

**間。需要很多。**

大豆在記憶中活靈活現。我對大豆的印象和顏色緊緊相繫：炒飯上有醬油焦棕色的光澤、豆漿是石膏白，還有外婆筷子穩穩夾著的綠色毛豆。滷蛋的滷汁是茴芹（anise）黑。

外公常做茶葉蛋。茶葉蛋從冒著蒸氣的鍋子浮出來，裡頭滿是香料、深色醬油，以及芬芳的茶葉。他總是把茶葉蛋放在湯碗中端出來，殼已剝好，蛋還半浸在甘甜的神奇湯汁中。

我十一歲生日時，母親送我一套白色的凱文・克萊（Calvin Klein）睡衣。那時是一九九七年。我想要這套衣服好幾個月了。外公把一碗茶葉蛋放在桌上，我貪心地拿起一顆蛋，不料蛋立刻滾落回碗裡，醬汁濺到我的新睡衣，這下子，衣服上沾了洗不掉的棕色。「CK」字母被濺出的醬汁沾污。後來，每次我穿這套睡衣時，必定想起那一刻：咕溜滑出、醬汁濺起、懊惱不已——那一刻就這樣快速飛逝。

通常都像這樣。我從食物中初次學到什麼叫愉悅，而我會急急奔向飲食的感官體驗。我想要豆漿的絲絨感，微甜，帶有豆香。睡前喝熱的，夏天喝冷的，長途旅行時喝裝在利樂包裡的。我想要吃豆腐：酥脆、鹹口，或炸得蓬蓬鼓鼓，配蒜泥醬。媽媽會把柔嫩晃動的豆腐切塊，在週末配麵條當午餐。

我的大豆生活始於渴望。而我沒怎麼想到位居故事核心的大豆。在我所知道的形式——豆腐、醬油，還有酥脆的金黃腐皮，裡頭包著香菇與竹筍；豆漿，以及療癒食物——看起來都和我們安大略南邊郊區蔓延的黃綠色田野無關。

野生大豆的馴化歷程依然模糊不明，飽受爭議，中國和韓國都秉持國族主張，聲稱大豆源自於自己的國度。但我們可以說，在中國東北與朝鮮半島接壤之處，大約三千到五千年前，有茂密糾纏的植物，這種植物會長白色小花與毛茸茸的豆莢，可改善土質，因此備受重視。當地飲食的鐵三角是大豆、小米、小麥，其中大豆發揮著魔法，可提供肥料、蛋白質、醬油、豆漿與穀類。

後來，大豆幾乎在全亞洲的每個文化當中，和文化、健康與想像緊密交織。《詩經》（成書於西元前一〇四六到西元前七六一年）中，就有詩歌以大豆為主題：「采菽采菽，筐之筥之。」宋朝詩人蘇東坡的詩歌中，留下把豆腐塊比喻成白玉的片段。明朝詩人孫作的詩作中，則把豆漿的豆渣比喻成雪花。在過去三千年，有好些詩歌是在讚揚豆腐，而醫藥相關論述則會提及大豆粥、發酵豆醬及各種衍生出來的醬料有何好處。大豆成了豐饒的同義詞，可以成為某些人、某些牲畜與土地的養料。

日本神道教有一則關於保食神的故事，訴說天照大神派弟弟月讀尊（月神）去拜訪保食神，也就是掌管食物的女神。保食神為了歡迎月神，於是從身上給予盛宴，從口中吐出米、魚、肉。但是月神認為保食神拿嘔吐物出來是在羞辱他，遂將保食神殺了。後來，保食神的遺體長出主食：眉毛變成小米、肚子長出稻米，陰道則是長出大豆。

大豆和生命本身緊緊相繫。

2. 我盡量從各個地方蒐集多一點指示，可惜斬獲少得可憐。北歐國家喜歡發酵的男子寫過一些書籍；YouTube上有華人家庭主婦的影片；還有手工生產者的短紀錄片。Reddit的r/fermentation板上，有幾個狂熱分子。賣我醬油麴黴的人也寄給我一些指南。

他們都同意第一件事，就是要為豆子秤重與浸泡。我在豆子還乾燥的時候秤重，也秤了等重的小麥。之後，我加水淹過豆子，趁著自己睡覺時浸泡豆子，讓豆子膨脹。

接下來的任務就是加熱。我把豆子煮滾，烘烤小麥。在烹煮時，豆子會承受不住拇指與食指之間的壓力。小麥在平底鍋蹦蹦跳跳起舞。放涼後，就磨成粉。

大豆——與小麥混合，冷卻到攝氏四十度——就要等著「接種」。聽起來很嚴肅，但其實很單純：就是把那一小包孢子撒到上頭。上面蓋一塊布，以及鬆鬆覆上保鮮膜。然後等待。

日子一天天過去。我惦記著若氣溫超過三十五度，整批就會腐敗。我的溫度計不時發出警告嗶嗶聲，那就表示豆子太熱了。我攪拌一下，讓新鮮空氣進入。然後繼續等。

四天後，黃色變成綠色。一層厚黴菌覆蓋在每顆豆子上——這表示豆子好了，可以舀進消毒過的罐子，加上鹽與熱滷水。第一個月要每天攪拌。第二個月每週攪拌。之後就能一個月再攪拌一次。他們說，放愈久愈好。

我貼標籤、寫日期，把瓶子放在陽光下，因為我在某個地方讀

**到，陽光會有幫助。我不確定這樣是否正確，但至少要等個一年才能見真章。我等著。**

十五年前，我請外婆告訴我她的童年往事。她有那麼多事沒說出口；我們不想問她關於南京的事，以及她在戰爭期間承受了什麼。後來，她在一九四九年離開中國以及她的家，逃到臺灣，再也沒辦法回去。

她暴躁易怒，經常嚇著我們。

但我明白，我對她幾乎一無所知：不知道她的家庭，或者她是在什麼樣的環境下長大。因此有天下午，我拿出錄音機，請母親幫忙翻譯。我們坐在她煙燻色玻璃餐桌旁，一邊啜飲著茶。那時，我才知道外婆的家族曾做過許多生意，包括醬油。大豆是我們家族的核心：不光是為我們增加盤中的風味與深度，更是一筆收入，支撐著先祖們的生計。

外婆描述過小時候曾造訪工廠及廠房的戶外庭院，那裡放了成排黏土製的巨大醬缸，裡面就裝著發酵的大豆。每個醬缸上都有藤編蓋，擺在南方的陽光下。「那些醬缸可真重哪，要兩名男子才搬得動。」她一邊說著，一邊以瘦弱的雙臂模仿那些男人的動作。我想到母親在花園裡的水缸，裡頭裝著睡蓮屬植物與水。

我當時在想，外婆認識的可能是什麼樣的氣味、什麼樣的滋味。她告訴我，她會迫不及待看著豆子上長出大量黴菌，擺在編織簍上，也窺視醬缸蓋子下尚在發酵的豆子。她有沒有算過，大豆要經過幾個月，才會發酵成有鹹味的精華？

他們做的醬汁味道如何？顏色是多深的棕色？

大豆在華人的生活與文化占有中心地位，這一點就反映在語言中。華語提到大豆時，通常說「豆」就夠了。我可以從字形中看出來：有鍋有蓋，豆子放在裡面。豆漿或豆奶，就是指大豆製成的漿狀或乳狀物，豆腐就是大豆製成的凝塊。其他豆類會以顏色來辨別，例如綠豆或紅豆，但大豆就是豆的意義與衡量標準。

大豆的英文名稱是殖民擴張的產物。「soy」與「soya」是來自荷蘭文的「soja」，這個字又是來自日文的「醬油」（shōyu）。荷蘭人從十七到十九世紀，曾在日本與整個東亞設立貿易站，除了取得領土，還有新的食物、生產方式與文字。

大豆花了很長的時間才來到北美與歐洲，到了十九世紀末，大家開始對大豆產生興趣，但並不表示製作豆腐或味噌在西方國家掀起風潮。

他們反而發現自己陷入新世紀的狂飆加速漩渦——貿易與戰爭。大豆在一九〇八年進入了全球貿易，這是受到製油作物的市場成長所驅動。製油作物可用來生產工業用潤滑劑、肥皂、人造奶油、化妝品、卵磷脂（一種乳化劑）等等。早期的大豆貿易是在二十世紀初出現的，那時身為大豆重鎮的滿洲面臨俄羅斯與日本帝國主義施加於此區域的外部壓力。大豆終於來到西方時，主要是透過由日本仲介促成的交易。

一九一七年，美國農業部派出探險家，尋找適合在美國農場以工業規模種植的大豆時，金雅妹——華裔美國科學家，曾帶領美國農業部，讓大豆進入家家戶戶——就是其中一人。到了一九二〇年，美國農業部種植與試驗了高達五百種大豆，其中十五種可望在美國發揮商業價值。一九三〇年代，亨利・福特（Henry Ford）曾設立大豆研究實驗室，以大豆打造出塑膠、汽車車架與車後行李箱，更刺激了這種作物的成長，彷彿能為工業需求帶來前景看好的解決方案。在二次大戰期間，甘油含量高的熱帶油脂短缺，卻又是製造彈藥要用到的原料，於是在食品生產上就限制熱帶油脂的使用。這時，大豆油登場，填補了這個落差。後來，歐洲大豆進口量與美國大豆產量大幅提高，在戰爭期間尤其明顯。美國的栽培量大增，因此到戰爭結束時，大豆在國內的種植量已超出其他地方，情況至今依然沒變。到二〇一八年，美國種植的大豆當中，百分之九十四經過了基因改造。

西方的大豆因此和二十世紀的科技想像呈現出密不可分的關係：是加工對象、是可汰選與改造的作物、有諸多非烹飪用途——歷史學家伊內絲．普洛德爾（Ines Prodöhl）稱之為「大豆美國化」。大豆代表著油脂與動物飼料、人造奶油與肥皂。因此大豆會以許多形式，存在於日常料理用途的幕後——許多每天使用大豆的人，其實沒有看見這一點。這些大豆已被除去生命力，似乎和中國詩歌與日本傳說中這麼重要的食物很不相同，也和我家餐桌上的食物是天壤之別。

有一篇文章寫的是豆花帶來的愉悅，作者妮娜．明雅．鮑爾斯（Nina Mingya Powles）寫道：「劍橋詞典對於豆腐的定義如下：『一種柔軟的白色食物，沒什麼滋味，但是蛋白質含量很高，是以大豆植物的種子製成。』我真為寫下這解釋的人感到悲哀。」這樣的大豆只是大豆的影子，如此看待大豆的人，看不見像我家這樣的家族早在好幾個世紀前就知道的事。

金雅妹和美國農業部合作時，以專精大豆而馳名：她會做發酵物和醬料、豆漿、布丁、蛋糕等等。不過，西方食客一再把豆腐定位為淡而無味，是大費周章把珍貴食物變成不吸引人的產品。其實大可不必這樣。一九一二年，美國農人探索了大豆的優點，把大豆當成牲畜飼料時，就注意到這不太可能變成西方的人類食物，因為「其滋味……不夠吸引高加索人的喜好。」到了一九二〇年代，德國油廠會加工大量的大豆，把油與「豆粕」分離，後者就成為牲口的飼料。普洛德爾寫道：「以亞洲人的方法攝取大豆——例如豆腐——就表示把油與蛋白質分離的做法得告終了。」因此油廠主動透過廣告形塑大豆的公共形象：在一份文宣中，他們為了保護自己的產業，把豆腐和其他亞洲使用全豆的大豆食品，塑造成對歐洲人不方便、也不美味的東西。

過去二十年，西方飲食建議與恐外情緒太常意見分歧。當大豆日益受到歡迎，被視為無膽固醇、營養豐富的蛋白質來源時，反對人士則稱之為危險的「宣傳食物」：從二〇〇七到二〇〇八年，新聞報導追問吃大豆會不會變成同性戀、大豆裡的雌激素含量會不會讓男人的陰莖縮小，引發了騷動。接下來出現一連串有問題卻廣獲刊登的研究，之後，大豆被扣上各種病痛來源的帽子，從阿茲海默症到乳癌都怪到大豆頭上。這些研究的樣本數量少，通常也沒區分高度加工的大豆（例如變成添加物或粉末），以及完整豆子或發酵食物之間的差異，於是懷疑論者根本不知收斂。謠言穿過種族與性別的界線，靠著刻板印象與父權恐懼堆疊累積：乳品業的倡議者指出，亞洲人比較矮小，因為他們喝豆漿，不喝牛奶，而一些畜牧業人士公開表示擔憂，認為大豆的雌激素可能讓毫無戒心的男孩變得陰柔，導致「性向混淆」。在另類右派的說法中，「豆漿男」（soy boy）就是娘娘腔；真正的乳品會維護種族與性向純淨。

這種作物的框架與風味——在西方稱為「作物」似乎是適切的名詞——和我從小就認識、濃稠香甜的大豆之間，落差是很大的。有許多年，我感覺得到，卻無法描述：為什麼「絲綢」完全不是我對豆漿的理解（這個主題在魏貝珊〔Clarissa Wei〕的〈美國人如何扼殺豆漿〉〔How America Killed Soy Milk〕一文中有精闢的解析）；為什麼「有健康意識」、遵循大量吃肉流行飲食法的朋友，會試著要我遠離豆腐——那比較像是微歧視，而不是關注我的健康。為什麼有時候吃大豆，感覺能最有力表達出我的家族身分認同。

醬油、豆腐和豆漿是需要時間製造的食物，但是不需要龐大的知識或技術。我向網路上的食譜取經。在製作這些食物時，我心裡感覺到某種安慰。

這幾年我會在公寓裡——無論是柏林、倫敦或劍橋——觀看中國網紅李子柒的影片，她在四川鄉下祖母的土地上耕種。我看著穿傳統服裝的她提著籃子走進菜園。她會在田裡採收大豆，把豆子從毛茸茸的豆莢取出，磨出乳白色的豆漿。對我來說，想到大豆，彷彿就在作夢。

過去六年，我搬家的次數已多到數不清，總是搬到不同國家、不同大陸。如今我已過了三十多歲的中段，只想要擁有時間、空間。我想要生孩子或組建家庭，也想學做醬油。我不知道自己骨子裡是否還懷有這種技巧，也不知味蕾夠不夠敏銳，是否分辨得出發酵的細微差異。我不知道自己能不能在某地待得夠久，展開發酵過程，完成一趟發酵之旅。但無論如何，我就是想試試。

我把祕密夢想告訴先生：我想開間豆漿舖，還有早餐店。成立豆腐工廠，還有醬油坊。

我辦不到，也不抱期待——但其他人已經完成，以後也會有人做到。我發現在我喜歡的城市裡有精緻的豆腐舖，會使用在地大豆磨成漿，做成天貝與納豆。在新潮社區有手工醬油店家、大豆概念店，而我已負擔不起在那些地段的生活。忽然間，出乎意料就變成這樣了，即使還有許多關於大豆的事尚未解決。

我在書寫時，大豆正浸泡著。經過幾小時浸泡，豆子已鼓脹得皮都裂開了。我煮滾豆子，打成漿，濾出豆奶。我學會製作能複刻孩提時代療癒感的食物。我啜飲爐子上剛煮好的溫暖豆漿。

再過一年，我會從大豆濾出醬油。我會堆疊鑄鐵鍋、杵臼，在發酵好的泥上放重重的板子。我會放一整夜，一整個早上。鋪在濾網上的紗布會染上銅棕色，在廚房的日光燈下閃閃發光。全都會有鹽巴的氣味與質感。到時候，要用至少一天的時間把液體完全濾出。距離我打開乾燥的豆子，時間過了一年又五天。

長久以來，我一直夢想有個家，讓我能在瓶子裡裝滿大豆。我會每天、每週、每月攪拌。等到有一天，我可以掀開蓋子，親身感受到一種香氣、一種滋味，那可能是外婆很熟悉的東西。外婆描述的那一瓶瓶大豆，留在了遙遠的地方與過往。但是我仍在尋找那些感覺：那些豆子上帶著鹽的顆粒感；豆泥軟化成漿。還有一種深邃的顏色，超過我所能形諸文字的深色。

# 10／酸果

我十一歲時，開始對柑橘類水果念念不忘。一切要從一袋明尼橘柚（Minneola tangelo，譯註：臺灣市場稱為美人柑）說起，那是十二個裝在塑膠網袋中的橘色月亮。在免費試吃攤位上，我已將九種柑橘的果肉從果皮取下，最香的就是橘柚。我平常不是特別愛吃水果——說實在，我請父母買一袋橘柚，他們還挺訝異的。不過，這些水果和我之前吃的不一樣，會在我口中輕輕融化，且有尖銳的甜味，果瓣之間如雲朵般的薄膜很柔軟。展示品上有個標誌，上面寫了這水果的別名：蜜鐘（Honeybell）。

米克森果園（Mixon Fruit Farm）的店面有日光燈照亮，沾著灰塵的地板是橘色的，四周則有棕色木板。在商店最遠的那邊有一臺霜淇淋機，會擠出螺旋狀的柳橙與香草霜淇淋。而店家從門口到裡邊，展示著成排的柑橘類水果，貨架高度及腰，網袋顏色都與水果相互搭配。黃色供葡萄柚使用、橘色用來裝柳橙。

◎

當時我還不知道，在我成年後，總會一再夢到這間店的地板。柳橙與香草的滋味，必能立刻把我帶回這個地方。

◎

造訪這裡，是我們一年一度的朝聖之旅。每年三月學校放假時，我們會把握住柑橘季的尾聲，再過幾個星期，米克森就要在春天與夏天暫停營業了。在加拿大家鄉，冬天是個什麼都沒有的時期；但是想到只有冬天才出現的水果，我會感到欣喜。

◎

我可以說，橘柚是自己最早喜歡上的水果之一。我會把橘柚和葡葡柚、青蘋果列入喜愛清單。現在，盤子上會出現的每一種苦味青菜我都吃，但我就是不愛草莓、香蕉或奇異果。這一點似乎讓母親很傷腦筋。她告訴我，臺灣有小小綠綠的四季橘（small green orange）、豐盛的紅肉柳丁（blood orange，譯註：一種血橙）與金柑（kumquat，譯註：又稱金棗或金橘，但因為金橘常與「金桔檸檬」的「金桔」（四季橘）混淆，故近年多稱為金柑）。我告訴她，柑橘類是我會愛吃的水果。

想想看柳橙：一九九〇年代初期，柑橘類果樹林在佛羅里達州占地將近一百萬畝，還不包括整個州的郊區花園會三三兩兩栽種的果樹，或隨處為家的野生柑橘類。不過，佛州並不是柑橘類的原生地——柑橘類是西班牙人在十六世紀引進的，起初並未得到特別照料，直到十八世紀，英國殖民者才同心協力加以栽種。◎

我想像著當時的地景——人們砍伐松樹，挪出空間給柳橙果林。

◎

還有什麼比柳橙更佛羅里達？

◎

所有植物學家都會告訴你，柳橙來自印度北方、馬來半島、南中國。

◎

有些人看到柳橙，可能會想到加州，或西班牙。這也可以理解。

◎

但我想起母親，她教我以食指指甲掰開橘子，以拇指把果皮從嫩嫩的果肉上撥開。

早期柑橘樹結出的是苦澀的水果。

至於那些苦澀的水果是在哪裡雜交或經過馴化，以及怎麼透過這些過程，變成我們現在認識的橘子（mandarin orange）、枸櫞、柚子、萊姆（lime），這些依然是受到研究的主題。有張地圖以箭頭顯示柑橘類如何穿越亞洲：枸櫞往西前往印度、柚子往東南、橘子往東穿過中國，而萊姆則往四面八方，甚至遠及澳洲。其起源是位於中國西部的一顆紅色星星。

◎

最早馴化柳橙的，是數千年前的中國人。我們現在所使用的名詞，也蘊含著過往的痕跡：橘子（mandarin orange）、甜橙（*Citrus* × *sinensis*）都是例子（譯註：mandarin 和 sinensis 都和中國有關）。

◎

二〇一八年，一群科學家幫我們今天認識的柑橘類繪製出基因組圖譜，將其起源追溯到十種瀕危的野生種，這些野生種又是來自一種人們早已遺忘的亞洲祖先。我們的柑橘類果實，是從十種純種的兩種以上雜交而成。「純」（pure）並不是我的用字，而是借自這份研究的共同作者的用字。

◎

作家丹恩・諾索維茲（Dan Nosowitz）說，這個過程就像是把原色混合起來。

◎

柑橘類——透過今天伊朗與伊拉克之間的土地來交易——在希臘作家泰奧弗拉斯托斯（Theophrastus）的時代來到歐洲，他在西元前三一〇年所描述的水果，應該就是枸櫞。

◎

但是，要等到將近兩千年後，西班牙人飄洋過海，才把它帶到北美。據說，最早的佛羅里達柳橙是在十六世紀下半葉種植的。佛州東北海岸的聖奧古斯丁（St. Augustine）是美國最古老的殖民城市，據信也是第一座柳橙果林的所在地。

◎

我讀過最早來自歐洲的定居者如何從加拿大東岸種植起柑橘類，一路往南種植到佛羅里達州。他們的假定是，北美和西歐緯度相同的地區會有類似的氣候條件。但是，少了墨西哥灣流帶來的暖風，作物屢屢撐不過寒冷氣候。不過，在佛羅里達州、喬治亞州與南北卡羅來納州，有些果林依然欣欣向榮。但我們仍很少提到喬治亞的柳橙。

◎

人類對於自己從中獲得財富的生物世界了解得這麼少，總令我好驚訝。

◎

每年冬天的農曆新年時，我家都會吃橘子，因為橘子象徵財富。金色水果在寒冷季節是種奢侈。

在開始吃橘柚之前，每回我吃柳橙時，都會吸吮汁囊，吐出內果皮。我跟母親說，我不喜歡有渣渣口感的水果。

◎

對我母親來說，好水果是最珍貴的東西。

◎

她沒有明說，但我知道我這麼挑，讓她認為我比較像爸爸，而沒那麼像她。

◎

最早的北美柑橘類果樹，是當時的人帶著致富的希望種下的。當然，這種水果必須送到市場才行——這表示要經過運輸，還有人要願意吃頗酸的柳橙。

◎

柑橘類在佛羅里達州北部茂盛生長，可沿著聖約翰河（St Johns

River）進出，鐵路鋪設完成後，就更能深入南邊與西邊。鐵路在北方各州開闢出新市場——一直要到一八八〇年代，歷史學家才真正開始談起柑橘產業。

◎

久而久之，佛羅里達州的柳橙證明了這種水果本身可以帶來財富。自十九世紀末到二十世紀末，柑橘類果林的土地面積成長為原來的五倍，但是果實產量增加了四十三倍。我們可以歸功於殺蟲劑、肥料，或者這些變化讓根部更加強壯。

◎

我們吃的柳橙，結果部位——接穗（scion）——是來自滋味比較好的栽培種，嫁接到更耐寒堅韌的根砧。

◎

「接穗」可能表示嫁接枝、新芽或樹枝，也可能是重要家族的後代。所有我們珍視的柑橘類都是由人類之手形塑而成——它們是否也算是人類的後代？

八月時，若文來到我家參加我三十五歲的生日午餐，還帶了一棵樹。那棵樹太重了，她無法單手應付，因此她把這棵樹滑進艾瑪－李的公寓門檻。這棵樹不是那麼大，但是種在和我軀幹一樣大的盆子裡，泥土在根部周圍緊緊壓實。若文皺著眉；我懷孕五個月了，現在她在想，我該怎麼把這棵橙樹帶回家。我不介意，因為我感覺到，彷彿她就是看穿了我的心思，才送我這份禮物。

◎

那其實不是一棵橙樹，但確實是柑橘類：有長而細瘦的莖，還有如球一般的綠色樹冠，以及星狀的白花點綴其間。標籤上寫著× *Citrofortunella mitis* ——小橘子與金柑雜交而成。她給了我一株四季橘（calamansi）。

◎若文告訴我，她請店家找一株在臺灣能生長的樹，因為我母親是從臺灣來的。四季橘被認為是原生於菲律賓的植物，分布範圍可北達臺灣與南中國，南抵印尼。

◎我這樣，是要這棵樹在英國的庭園裡生長。

◎一八九三年，美國農業部在佛羅里達推動了全球首次制式化的柑橘類育種計畫。大部分的育種目標是培養出更抗寒、適合運送、抗蟲害的品種。不過，讓柳橙更美味且廣受歡迎也是目標之一。

◎一八九七年，美國農業部的植物生理學家施永高培育出第一株橘柚——是橘子與葡萄柚雜交而來。一百年後，我吃了個橘柚，覺得好喜歡。

◎

根據一筆佛羅里達州柑橘史的記載，施永高到美國農業部的佛羅里達州中心任職之前，連一棵柳橙樹都沒看過。但他之後會在一入行時就研究柑橘類，也將會擔任幾年的美國農業部探險家。不過在這份植物相關的工作之外，他開始蒐集中國文學經典：植物學與醫藥文本、地理專著、地名索引。施永高之後又會花幾十年的時間，指導美國國會圖書館進行東亞文本採購，幫助圖書館蒐集到逾十萬冊藏書。他會主張，西方的植物學需要留意在以前即已存在的知識。

◎

雖然我當時不知道，但正是施永高的付出，才讓我接觸到這麼多文本——寫的是關於植物史，以及我家族的中國淵源。在這世上，我不常找到有意義的共時性，然而得知他的大名感覺是很重要的事。

◎

明尼橘柚是以佛羅里達州中部的一座城市命名，並在一九三一年，由施永高推出。他把鄧肯葡萄柚（Duncan grapefruit）與丹西紅柑（Dancy tangerine）雜交，因此種出明尼橘柚（美人柑）。

◎

施永高以相當感官性的文字來描述橘柚：「剖面看起來綠綠的，果肉呈橘色（深橙色）、半透明、軟嫩、入口即化，很多汁，有點香氣，結合了理想的酸甜度。」

◎

我想到，植物分類學和詩歌的距離並不遙遠。

一九九八年，我初嚐明尼橘柚的一年後，在佛羅里達州南部的博因頓海灘市（Boynton Beach），一種亞洲柑橘木蝨出現在花園裡的茉莉花上。這種木蝨的出現引發疑慮，因為在整個亞洲，木蝨的原生種是柑橘黃龍病（citrus greening）的病媒。

◎

同樣在這一年，我們從佛羅里達州開車到加拿大時，喬治亞州薩凡納的一家銀行拒絕服務我的母親，卻提供我父親服務。這是我頭一次聽他說別人「種族歧視」。

◎

通常在提到柑橘黃龍病時，會用中文名稱「huánglóngbìng」，或簡稱為ＨＬＢ。起初這種病稱為黃梢病，這是以廣東話來命名，梢指的就是樹梢。語音轉變是可以理解的；當一種疾病帶來這麼大的毀滅時，我們豈不寧願歸咎於一條龍？

◎

不出幾年，小小的棕色木虱——最大也只有四公釐長——就在整個佛羅里達州肆虐。到二〇〇五年，邁阿密確認木虱造成了當地的黃龍病。今天，佛羅里達州所有種植柑橘類的郡都受到黃龍病衝擊。世界各地的柑橘類產地都感受到其影響：中國、菲律賓、墨西哥與中美洲，尤其是東非。

◎

樹若罹患黃龍病，維管束系統就會受到破壞。果實會變比較小、比較酸，永遠都綠綠的，即使成熟了也一樣。黃龍病治不好，不出幾年，這棵樹就會死了。

◎

為什麼要請你思考柳橙？這篇文章的標題是〈酸果〉，雖然我寫的是我覺得甜的水果。

◎

過去十年，科學領域與人文領域都盡力在處理人類世的概念。學者主張，在描述我們的地質年代時，最好的說明是人類改變了自然界。但有一群人類學家則提出另一個建議，藉以幫助我們了解世界如何改變：「墾殖世」（Plantationocene）。

◎

在墾殖世，耕種系統、全球運輸、蓄奴、植物交換與權力成為我們這時代的特徵。學者更常點出糖、棉花與其他作物，在在都和美洲的奴工有很深的連結。

◎

不過，歷史學家蒂亞戈．薩拉伊瓦（Tiago Saraiva）指出，柑橘類應該也能教會我們理解世界上的權力不均。

◎

薩拉伊瓦追溯加州柳橙的複製體，因為猶太殖民者也把這種柳橙種植到巴勒斯坦；法國殖民者則種植到阿爾及利亞與摩洛哥，法蘭茲．法農（Frantz Fanon）的作品《大地上的受苦者》（*The Wretched of the Earth*）就曾受這些法國殖民者的影響。藉由了解柳橙這樣的作物如何遷移、栽培、茂盛生長與衰退，我們看到的不僅僅是一種植物的歷史，還看見我們自己的社會史、政治史與科學史。

◎

柑橘類總是迴盪著一個問題：是誰讓栽種這種作物成為可能？

◎

一九四五年，有個名叫拉爾夫．羅賓森（T. Ralph Robinson）的人寫了一篇佛羅里達州柑橘的歷史：「摘取與包裝的工作已經漸漸交給移工，影響或可從我們鄉間社區的衰落看出。」

二〇〇二年，三名佛羅里達州的柑橘生產者被送進大牢，因為他們奴役了大約七百名沒有登記在案的移工。

佛羅里達州發生第一起黃龍病的病例之後，不到二十年，柑橘產量就下滑百分之八十。二〇二二年——在嚴重的颶風與及疾病影響之下——產量是一九四〇年代以來的最低點。

◎

有時候，尋找更甜的水果的植物育種者，會剛好碰到意料之外的正面成果：二〇〇九年，育種者將橘子和明尼橘柚雜交，於是一種柳橙誕生——「甜美人」（Sugar Belle）。在栽培之後，研究者才發現，原來這種柳橙能抵抗黃龍病。

◎

不過，研究需要時間，但許多人沒那麼多時間。

◎

今年，我讀到消息：米克森果園——也就是我初次品嚐明尼橘柚的果園——要出售了。這個果園已經從三百五十畝縮減到五十畝。二〇一八年，業者嘗試多角化，開始種起竹子。我試著想像一種光景：未來某一天，佛羅里達州不再以柳橙馳名，而是竹筍。

那不像是我對這個地方的印象。但我知道，少有事情是不變的。

◎

時值一月，溫室窗戶起了霧氣，我在眼前呼出白白的氣息。踏進花園——點點冰霜覆蓋著整個綠世界——我才想到自己忘了那株四季橘樹。本來昨夜要把這棵樹搬進屋裡，鄰居警告我外頭太冷。這棵樹的葉子已覆蓋著淡淡的銀色薄膜，比前一天還脆。原本緊實的花苞從白色變成米色，果實則是從黃綠色轉黃。我知道，現在還不算太遲——在相對溫暖的溫室待個一兩天，或許勉強能挽救這棵樹，也加速成熟。

◎

有棵樹的母株是金柑，而金柑植物學名稱是以施永高命名（譯註：金柑有很多種，其中一種是 *Citrus swinglei*，產地為馬來半島，因此有人稱為馬來亞金柑）。

母親在農曆新年時來訪。我買了兩個網袋的橘子，母女倆坐在餐桌邊剝皮享用。這果實太甜，薄膜又太乾。我小心把內果皮吐到餐巾上。

◎

上回見到明尼橘柚，已是二十年前的事。我從來沒在佛羅里達州以外的地方找到這種水果，也沒在自己的童年時期之後見過。

◎

大年初二，我從四季橘樹摘下三顆成熟的果子，不比彈珠還大，油蠟光亮的果皮上的孔，也不比針孔大。我告訴母親，我們可以吃掉，但她不信——或許是在英國冬天，果實看起來太小、太可憐了。不過，我還是用小刀剖開。

◎

我請母親張開嘴，盡量把這個酸果的汁液擠進她口中。

# 11 水滴的尺度

在〈包容的藝術——如何愛上蕈菇〉（Arts of Inclusion, or How to Love a Mushroom）這篇文章中，人類學家安清（Anna Tsing）記錄了我們會以哪些方式，把蕈菇視為親戚。她和一位植物標本保管員談話、思考真菌分類學的歷史，並從與採集者和研究者對話中，汲取松茸的歷史。她下了結論：最重要的是，要**注意**與其他物種形成的連結——特別是別以太固定的方式看待蕈類。

我在研究所時初次讀到這篇文章。當時我蜷坐在一張木桌上，筆電放在膝上平衡。我讀了一篇又一篇的文章，探討的是新物質主義、多物種民族誌、對量子力學模糊的知識如何顛覆每一種人文學科。安清的文章——以及另一篇她說明蕈菇孢子在世界各地移動的文字——讓我格外留意。不是因為我對真菌很有興趣，而是長久以來，我都在苦苦思考著關注自然究竟該是什麼模樣。

成長過程中，我並未學到太多本地植物的知識，當然了，家裡有花園，裡面也蒐羅了引入種。直到成年，我才開始好好學習分辨眼前的樹，或是野花名稱、鳥類的叫聲。我雖然很容易受到自然之美吸引，但並不特別擅長分類，或特別了解大自然。因此，呼籲注意大自然的細節，又不必刻意分類——而且不光針對容易攫取目光的美麗植物群，還要注意尺度更小的部分——這種主張尤其令我感興趣。

我很受苔蘚（mosses）吸引。在我長大的地方，苔類不會大量出現。但搬到英國之後，我的目光不斷受到綠色吸引：在欄杆上的綠、聯排屋磚牆上的綠、在屋頂石板叢生的綠、偶爾在人行道邊緣出現的綠。苔蘚植物需要潮濕氣候，這裡的氣候很潮濕。還有什麼東西是這麼容易注意到，卻又屢遭忽視的？我在Google上搜尋苔類植物

（moss）、地錢門（liverwort，或稱蘚類植物）與角蘚門（hornwort）的科學——苔蘚植物學（bryology）——卻赫然發現被自動校正為「生物學」（biology）。

在實地辨識苔類，是出了名的困難。我上的植物學課程沒有苔蘚學專家，我們也花相對較少的時間討論其複雜性。他們只說，要分辨苔蘚，需要的不只是手工操作的工具。我們要使用十倍放大鏡，讓植物看起來更大；英國苔蘚植物學會（British Bryological Society）則建議以二十倍率的放大鏡實地觀察苔蘚。在這堂課的課程規畫中，我們沒有使用顯微鏡與載玻片的時間或訓練。

不過，每當我想到苔蘚時，依然有種特殊的親緣感與驚奇油然而生。苔蘚植物是海洋與陸地生命之間的橋梁，與遙遠過往的聯繫很細微，卻無所不在。最古老的苔蘚化石有三億五千萬年的歷史，是在德國東部發現，位置約在柏林南邊三百公里處。苔蘚植物的多樣性僅次於開花植物，今天現存約兩萬種。

但不同於其他許多陸生植物，苔蘚要能生存，得符合一項嚴格條件：苔蘚有「變水性」（poikilohydric），意思是少了維管結構，無法像其他植物那樣從周遭吸水，只能任由環境擺布。苔蘚無法離水太遠，必須在水分充足或氣候潮濕的地方生長。苔蘚的小葉子只有一個細胞那麼厚，因此多數苔蘚無法長得像樹木或其他草本植物那麼樣高大：不過，苔蘚植物可以鑽進小裂縫、陰暗的坑洞，以及沒有人看見的間隙。苔蘚能以極端的尺寸茂盛生長，也可在其他特殊環境下生存。讓苔蘚在環境中顯得脆弱的同樣條件，也能使苔蘚在環境的極端起伏中生存：在乾旱時枯乾，在極冷時等待。二〇一四年，英國南極考察組織（British Antarctic Survey）的科學家種下了生存已超過一千五百年的針葉離齒苔（*Chorisodontium aciphyllum*）樣本，它取自於離南極洲不遠的西格尼島（Signy Island）永凍層中萃取出的冰芯。隱生（Cryptobiosis）指的是暫停活動的生存能力，對苔蘚而言能帶來奇妙的可能性。

在學到這些知識之後，我才開始試著了解我遇見的苔蘚。我不是苔蘚學家，甚至連辨認都不拿手，但我想練習安清所謂的「觀察的藝術」。我想要效法羅賓．沃爾．基默爾（Robin Wall Kimmerer）的建議，學著以更接近傾聽的方式來觀看。一旦我會真正觀看，就能開始學習它們的名字。

我在柏林周圍森林看見的苔蘚相當普通。我在城市北邊發現過提燈苔（*Mnium hornum*，swan's-neck thyme-moss）。這是入門級的苔蘚，在剛長出來的地方有深綠色的葉子閃閃發光，孢囊成叢掛著，宛如在柔軟地面上的街燈。我也找到葉子尖尖的曲尾苔（*Dicranum scoparium*）。我用手撫過曲尾苔，感覺好像羽毛。我試著觀察苔蘚的所有細節，但苔蘚太小，我很難記住。

之後，我找到一種自己無法忘懷的苔蘚。那時我在柏林南部，位於一塊有幾條步道分布的地帶，那些步道穿過湖與湖之間的石南荒原與森林。這塊地通常是貧乏的沙子地，樹木相當少見。從遠處看來，苔蘚形成濃密的深綠色墊子，看起來毛茸茸的。靠近看，每一片小葉子都上升到一個點收攏。每片葉子上都有細毛，因此這些小植物就像如泉水般湧現的煙火，也像星星爆炸。我讀到，曲柄苔（*Campylopus introflexus*）通常也稱為石南荒原星苔（heath star moss）。我覺得這名字好迷人，立刻收編到腦海，是我會記住的苔蘚。當時我不知道的是，石南荒原星苔也是世上最惡名昭彰的入侵種。

一九四一年四月，英國植物學家約翰．布雷布魯克．馬歇爾（John Braybrooke Marshall）記錄到，在英國東南部索塞克斯多沙、多岩的斜坡上出現如地毯般的苔蘚。這些橄欖綠色的苔蘚就位於帚石南（heather）與樺樹（birch）之間。馬歇爾幫苔蘚採樣，並以內折曲柄苔為名，將其記錄下來。一八○一年，德國植物學家約翰．海德維希（Johann Hedwig）最先描述這種苔蘚——當時他稱之為內折曲尾苔

（*Dicranum introflexum*）；這種苔蘚被形容是「南方島嶼」（Insularum meridionalium）的當地物種。如今，其原生地被認為是在溫帶南美洲、非洲南部、澳洲、紐西蘭與亞南極群島。

一九四一年之前，全英國都有石南荒原星苔的紀錄，特別是在康瓦爾（Cornwall）海岸沿線，時間可以追溯到一八二九年。由於有這些紀錄，大家便認為這種苔蘚遍及四海八方，不光是在南半球生長，即使在環境迥異的歐洲也現蹤。但是馬歇爾在索塞克斯找到的例子，以及不久之後，其他人開始在整個英格蘭、威爾斯、蘇格蘭與愛爾蘭觀察後留下的紀錄，似乎都和英國以前生長的物種明顯不同：長得比較大，宛如地毯，而以前的則生得比較零星。此外，這種苔蘚似乎更能迅速擴張。在一九四一年之前，英國並沒有石南荒原星苔的孢子生成階段的紀錄。

所以苔蘚學家開始認為，一九四一年之前記錄到的苔蘚根本不是石南荒原星苔。一九五五年，在比較過標本之後，植物學家賈康米尼（V. Giacomini）判定那是不同的物種——較傾向於生長在不受干擾的多岩海岸線——如今稱為毛狀曲柄苔（*Campylopus pilifer*，stiff swan's-neck thyme-moss）。這表示，石南荒原星苔大量出現這件事值得注意。它會出現在受到干擾、酸性、燒焦或受侵蝕的土地上並擴張，從哪裡引入不得而知。

苔蘚學家在整個英國與歐洲大陸記錄到石南荒原星苔，他們也觀察到，這種苔蘚會在溫帶大西洋海岸的港口附近茂盛生長，穩定朝內陸與東邊發展。由於擴張快速，有人推測，這種苔蘚是因為第二次世界大戰的坦克車而跨大陸分布——雖然從時間軸來看，這種吸引人的解釋其實頗可疑——於是這種苔蘚得到另一個俗名：坦克苔蘚（tank moss）。到了一九五四年，「坦克苔蘚」已經在法國留下紀錄；而一九六一年在荷蘭、一九六七年在德國，也都出現了紀錄。

更可能的是，石南荒原星苔靠著孢子有效擴張，透過風傳播到遙遠的歐洲大地上。一九七五年，在加州阿克塔（Arcata）的碎石屋頂上，也出現這種星苔的紀錄——雖然早在一九六七與一九七一年，北加州蒐羅到的近期樣本就可見到它了——從那裡開始，這種植物就以類似的方式與速度，沿著美國西岸擴散開來。其目前的非原生範圍，北至冰島，南及地中海，還擴張到俄羅斯、北美太平洋海岸與整個西歐。內折曲柄苔拓殖到新土地，開始主宰海岸沙丘與石南荒原，厚厚的青苔毯快速排擠其他物種。特別是在石南荒原，星苔長得特別厚，導致帚石南難以生長。當地物種通常會參與演替的過程——植物會定殖在荒原，最後形成草原、灌木叢與森林——但在石南荒原星苔占據的地方，它們就沒辦法競爭。

從我開始探索之後，才發現石南荒原星苔到底分布得多廣。我在英國生物多樣性保護網地圖集（National Biodiversity Network Atlas）上，瀏覽這個物種在整個英國被人發現的地點。這些紀錄是以名稱及來源是否被接受來驗證的。每個地方都有座標標示地點，以及大略地點的備註說明。在地圖上，當我把每個地方放大時，會看到一個個地點以綠色方塊中的紅點標示。我開始想像看到這些苔蘚的時刻。我查了倫敦，看到我很熟悉的地點有許多紅點散布。在漢普斯特德荒原（Hampstead Heath），接近西邊的池溏附近。其中一筆較舊的紀錄是在沼澤地，就在我們住東倫敦時每天會經過的路上，介於穿過沃爾瑟姆斯托（Walthamstow）與利橋（Lea Bridge）的鐵道之間。紀錄也出現在耶穌綠地、康河船閘、還有里奇蒙公園（Richmond Park）；我曾在這裡進行實地調查訓練，在鹿啃著樹葉的樹木周圍的區塊蒐集草種。在霍爾克姆海灘（Holkham Beach），先生和我在成為父母前的最後一個週末，就是在此度過，而我看見這種苔蘚在沙丘與北諾福克海岸的淩亂松樹間星星點點分布。

讀愈多關於這種苔蘚的事，就愈難把初次遇見此植物感受到的魔力，和經常用來描述它的用詞連結起來：「外來」、「異國」、「入侵」。我在讀這個物種的研究時，那些標題比較像是科幻B級電影——「外來苔蘚入侵」——於是我開始思考，如果不是這種生命力旺盛的美麗苔蘚在這裡，那麼會有哪些其他物種在此茂盛生長。我旋即明白，我對於苔蘚的想法，是受到它尺寸小巧的影響。我雖知道苔蘚的力量，以及對世界的影響，但最常用來形容苔蘚的字詞，諸如「微小」、「奇妙」甚或「可愛」，都脫離了我的理解。而自顧自沉浸陶醉中的我——因為苔蘚小小的——大大剝奪了它們所蘊涵的力量。

基默爾描述苔蘚時，稱其「優雅適應了微小尺度的生命」：在其他物種無法欣欣向榮的地表上茂盛生長。水和風都讓苔蘚的存活成為可能。在談到「邊界層」的章節中，她寫到苔蘚生存的微氣候。若你在風大的日子低伏在地上，或許能感受到類似的情況：風速變慢，而由於地面上靜止的空氣，這裡的溫度相對較暖。就是這種邊界，決定了苔蘚會長得多高。苔蘚就是在這樣的邊界處生生不息。苔蘚沒有根，要有水才能行光合作用：我後來在一集podcast上，聽到基默爾說苔蘚「是以水滴的尺度設計出來的。」苔蘚需要水才能生存，並靠著水或風擴散：某些種類的苔蘚孢子會在水流經的時候擴散，有些則是輕盈地在空中移動。這描繪出的畫面，就是等待中的苔蘚。

一般認為，石南荒原星苔最早是由人類帶到英格蘭，主要隨著人類的腳步，擴散到遙遠的新環境——換言之，這種苔蘚很可能是依附於我們的鞋跟前往新的土地。鳥類與其他野生動物也可能扮演某種因素，因為小小的苔蘚也可能附著到皮毛上，以動物的大範圍移動尺度去到遠方。

不過，苔蘚可能更主動一點。以石南荒原星苔為例，它能快速在歐洲大陸擴散，最可能的是靠自己。想想看「入侵」這個詞，並想想就連小小的苔蘚也可能成為地景中的強大力量：其中小小的一部分，就可能複製出和親代基因一模一樣的個體。苔蘚的孢子可以乘著疾風，擴散到很廣闊的範圍。這件事往往無人察覺，直到突然間，一塊星苔地毯出現，且愈來愈厚。

石南荒原星苔對其生長之地的影響，多半會因土地本身而異。在松林與種植園，它的影響向來被視為微乎其微——正因如此，我在柏林附近初次遇到這種苔蘚時，並未想到這可能對地景而言是很嚴重的威脅。但是在石南荒原與海岸沙丘，影響就比較明顯了：會阻礙荒原上的帚石南生長，或在海岸沙灘形成厚厚的毯子，妨礙地衣茁壯發展。研究者尤其擔心北歐沙丘的生物多樣性，因為石南荒原星苔不光是放緩了原本主導此地的地衣生長，似乎還在競爭中勝過其他被認為是原生種的苔蘚。至少有人認為，平原鷚（tawny pipit）這種在歐洲列入瀕危的鳥類數量會減少，就是因為石南荒原星苔入侵。

在入侵物種的概況說明中，我讀到研究者是怎麼設法根除石南荒原星苔。除草劑：影響不大。埋在土裡：有耐受度。拔除：又會回來。焚燒：又會出現。我讀到，在荷蘭，也就是苔蘚會對沙丘造成不良影響的地方，有人打造了機器來移除它們。我在想，那到底有沒有用。說到「預防」，我讀到要預防這種苔蘚擴散是辦不到的事。研究也說，想根除是天方夜譚。

曲柄苔的移動能力比我遇過的任何苔蘚更難以抵擋。要做到這一點，我們得採取超出平時習慣的尺度來思考，並付諸行動。我們不知道如何以苔蘚碎片的那種規模生存，更何況是一個孢子。這樣的話，我們又怎麼能和石南荒原星苔共存？

讀著讀著，我看到一張山坡的照片，上頭有深綠色的毯子，還有裊裊雲煙穿過。我得知，在冰島——據信苔蘚是跟著觀光業出現的——石南荒原星苔只在地熱泉周圍生長。這不算出乎意料：在其原生範圍，類似的環境也有人記錄到這種苔蘚的蹤跡，但其他生命鮮少能在同樣的環境生存。根據紀錄，石南荒原星苔可在高達攝氏四十七度的溫度下生長。我覺得這點太吸引人了：這種苔蘚可以在沙丘、森林或石南荒原生存，或甚至在炙熱冒煙的地球洞口。我不知道這麼小的苔蘚威力這麼強大。

基默爾寫道，苔蘚是以個別的莖來體驗這個世界的，因此我們也要以這麼小的尺度來思考。但我沒辦法不去想石南荒原星苔的世界有多遼闊——它拒絕微渺，或遏制，或者我可能以為的甜美。

我開始查看地圖，想看看石南荒原星苔停駐在哪裡。在福克蘭群島東邊的南三明治群島（South Sandwich Islands），石南荒原星苔是生長在火山口周圍，那些火山口在海洋中是黑色的陸地斑點，石南荒原星苔會分布在這裡，可能是借助野生動植物之力。這裡的物種會以同心圓生長，按著對高溫的耐受度依序排列，而石南荒原星苔帶頭。我找了這些島嶼的照片，發現其中一張有地名標示：巴西利斯克峰（Basilisk Peak）、桑伯角（Sombre Point）。再往南極洲過去一點，我發現了星苔最南端的家園。那是一塊捲起的多岩陸地，類似狗在睡覺時，鼻子會朝向尾巴的樣子。還有破火山口，其火山依然在海底下活躍。在迪塞普遜島（Deception Island）上，石南荒原星苔會生長在火山噴氣孔提供些許溫暖之處。鮮少有其他生物覺得這會是生長條件舒適的家園，但就在這裡，我認為石南荒原星苔已在地球最冷的極地，覓得溫暖的地面。

# 12 種子

## 禮物

我們的第一天，從一粒種子開始。

我們搭火車和渡輪，穿越陸地，從德國行經荷蘭，抵達英國。防疫規定每週都在變。由於我們行經的路線會經過病毒密度超過某閾值的區域，因此得居家隔離檢疫。我們待在新的公寓兩個星期，眺望樓下的陌生街道。我們還不認識鄰居，卻能從窗戶，開始認識這裡的天空。

回英國，我才能展開一份工作，工作內容是思索種子及其故事。這次要進行的研究計畫，是關於作物的歷史與未來，還要造訪作物的保育地點，協助其他研究者從數位檔案庫蒐集資料。我發現自己不斷思索著植物，把我現在做的工作，以及我所種下的種子、遇見的樹木、採買的蔬果相互連結起來。

我們抵達後不久，雖然還在隔離檢疫期間，但朋友妮娜與大衛就來造訪。他們站在門外兩公尺處，不過，狗兒衝出門迎接。狗不必隔離檢疫，於是他們說要幫忙遛狗。離開之前，妮娜在門階留了個紅色禮物袋，上面還以中文寫著「福」字。我走上階梯，來到面西的廚房，打開三種麵條、海苔仙貝，還有一包紙袋包裝的大豆。在紙袋最底部，有一小包種子。我檢視紙信封，發現是她親自折起的。她在邊邊以鉛筆寫下：「萬壽菊（marigold）。」

我拿著種子，更意識到自己不能到外頭。我還沒碰觸門外的綠籬，或路邊瘦巴巴的行道樹。秋天了，來不及種下萬壽菊。不過，這些種子讓我想到泥土。這提醒了我，時機總會到來。我握著種子，宛如迎向未來。

## 嫁接

冬天，景觀公司派人開卡車載著碎木機來到這裡。他們把車停在隔壁，就在鄰居的蘋果樹前。那棵樹的枝葉太茂密了，伸向我家的人行通道。我曾從這棵樹摘下酸蘋果，用來製作蘋果醋，並把壞掉的果實塞到花圃，讓它分解。鄰居說，他沒有利用這棵樹來做什麼，根本未多留意。但我坐在窗邊，看見知更鳥會善用這棵樹，藍山雀也會。樹皮上的地衣比我們還了解這棵樹。

工作人員搬出梯子、碎木機與鋸子，開始劈砍樹木。我知道，那不是我的樹。沒有人看見我，而我私自產生強烈重創的感受，就在鋸木聲中默默發生。

景觀公司人馬出現前的幾個月，我曾在工作上安排一組團隊，前去參訪布羅格戴爾農場（Brogdale）與位於當地的國家水果蒐藏中心（National Fruit Collection）。這一大片位於肯特郡的果園是與瑞丁大學（University of Reading）合作經營的。我們去的時候正逢蘋果盛產季，而這裡蒐藏的水果最知名的大概就是蘋果。一位穿著紅色法蘭絨外套的男子帶領導覽，他沒有帶任何筆記本，只有用來切水果的折刀。

蘋果就像許多果樹，有奇特之處。蘋果的種子個個獨一無二，特定品種只能透過嫁接來複製。布羅格戴爾農場的蘋果樹整齊排列，上頭有標籤說明品種與日期。這裡的樹木大小之多樣，超過我以往造訪過的自摘果園，有些瘦小的樹還仰賴木樁支撐，周圍則有更老、枝葉更濃密的樹木。所有的樹木都結實累累，不規則的圓球有暗橘色和焦黃色。這裡的蘋果色調多半不那麼鮮豔，不像我們在超市貨架上看到的品種，而是有滅絕風險的蘋果。這些是人們曾種植過的蘋果，但泰半已遭遺忘，只有少數熱心於復古種（heritage）的果農還記得。這些蘋果蒐集自英國各郡，與來自世界各地的栽培種一同蒐藏於此。導覽員帶領我們穿過蘋果園，沿途經過歐楂（medlar）、榲桲

（quince）、櫻桃與李子。我們行經倉庫大小的塑膠布溫室，研究者會在這裡嘗試種植各種蘋果，試著找出能耐受得了氣候崩潰的品種。之後，他讓我們選擇自己想嚐嚐看哪一種的味道。那些名稱好美，讓我猶豫不決：博美彎柄蘋果（Pommersche Krummstiel）、帕克蘋果（Parker's Pippin）、冬柑蘋果（Citron d'Hiver）、巔峰蘋果（Climax）。

布羅格戴爾農場的蒐藏中心是個活的博物館，致力於解物種決失傳的可能性。只有在可能失去的情況下，保育才有意義。這裡蒐藏的蘋果超過兩千種，而由於蘋果種子有自行更新的習性，因此蘋果必須以樹木的樣態保存。

我坐在窗邊，還在看工人把鄰居的蘋果樹枝扔進碎木機，木屑四處紛飛。他們開始把路邊的殘骸掃起來。我坐下來工作，仍從桌旁觀察。我只想到那些蘋果的種子、那些種子對自身生命力的渴望，以及可能帶來的新意。最後，工人收工，重新裝載卡車，驅車離去。我留在原地默默發愣，盯著我放剪刀與筆的杯子。杯子裡，還有一只裝著萬壽菊種子的信封。

## 基因

我桌上擺著種子，開始著手整理起歐洲作物資料庫，探索早期種子採集是如何受到記錄、維護與分享。負責率領團隊的研究人員是海倫．安．柯利（Helen Anne Curry），她要我蒐集一九七〇年代、一九八〇年代、一九九〇年代與二〇〇〇年代作物保育者的敘述，於是我讀著各機構報告的掃描文件，那些文件呼籲要改善植物基因資源的保存與統整。我也讀到人們對於資源分享的努力，以及蒐集各種大麥、豆子、蔥屬與核果的資料庫有標準化的必要。

我在研究這些早期資料庫時，發現有一段時間，研究者對全球植物的生物多樣性消失十分擔憂。雖然在二十世紀中期「綠色革命」發生之際，植物育種者培育、改善並標準化作物的品種，但伴隨而來的農業工業化，卻讓人擔憂更廣泛的植物多樣性可能消失。再加上擔心冷戰的殺傷力，於是在一九六〇與七〇年代，國際間採集、記錄與安全儲存世界基因遺產的努力便主導著保育活動。人們蒐集大量的種子，但是這些種子通常會以不一致的方式受到儲存或記錄，複本往往沒有經過檢查確認。提升種子銀行處理過程的流暢度勢在必行，這樣蒐藏品才能更實際**幫助**那些想取得植物基因多樣性資料的植物育種者。海倫告訴我，遺傳物質是全球遺產的一部分，而改進種子銀行的運作，同樣也是照料這些遺傳物質所不可或缺的一步。

如今，種子銀行的理想和早期蒐藏的邏輯大不相同。世界上有一千七百座種子銀行——有些規模較小，蒐藏的是當地的種子，也有規模宏大、技術完善的複合機構，負責妥善保護地球的基因多樣性。這些種子銀行被重新塑造成地下保險庫，但還是會令人想起冷戰時期的恐慌；邱園位於韋克赫斯特（Wakehurst）的千年種子銀行就設在地下碉堡中，可避免轟炸、洪水與輻射的傷害。此處蒐藏品的基因多樣性傲視全球：幾乎所有英國原生植物的種子這裡都有，還有來自其他九十七國的種子。斯瓦巴群島是位於北極圈內的島嶼，而成立於此地的斯瓦巴全球種子庫（Svalbard Global Seed Vault）自詡為「全球糧食供應的終極保單」，鑿入隆雅市（Longyearben）的永凍土中。這裡蒐集了世界各地種子銀行蒐藏品的副本，數量數都數不清，而海倫告訴我，這是「備份中的備份。」種子銀行是為了充滿不確定性的未來而存在，但其存在依然和二十世紀的特性有深深的關連。

若不考量帝國主義的背景，則不可能了解這些種子銀行。之所以建造千年種子銀行，是國家面臨自己的帝國勢力衰退使然。在這次工作過程中，我偶然找到珊・查可（Xan Chacko）這個人，她仔細研究過邱園種子銀行的做法。查可主張，建立冷儲種子銀行是以保育的架構，重新包裝長久以來從過去殖民地榨取栽種物與種子的行為。如果要了解千年種子銀行，就需要知道其出現的脈絡為何。

種子銀行的概念首度提出時，政府起初對於是否要提供經費給這麼大的機構，態度有所保留。這筆經費會非常龐大，而此舉背後的意識型態也尚不清楚。不過，查可主張，建立種子銀行向來與國族的關係相連：後來荷蘭榆樹病（Dutch elm diseas）擴散到英國，毀損英國珍視的地景之美，很快突顯出保護本土植物的必要性，於是這個計畫就通過了。二〇〇〇年啟用後，種子銀行以新千禧年命名，可視為和皇家植物園的歷史遺產有所對比——邱園皇家植物園是一七五九年啟用，為殖民當局管理大自然的起點。在帝國的全盛期，英國掌握全世界四分之一的領土。如今，全世界植物的種子當中，有超過百分之十千年種子銀行都有蒐藏。

種子銀行並非隨隨便便就達到這種規模。是否要蒐藏某一種種子，會受到種子對於冷儲的耐受度、氣候變遷下的脆弱程度、稀有程度——以及最重要的——對人類有多少利用價值所影響。我們不會為我們不重視的東西保險；不過，決定什麼東西值得保存與否的判準，會和我們在哪裡評估，以及評估的時間點有深刻的連結。

我開始研究歐洲作物資料庫時，對於種子銀行的認知頂多是對其所執行的工作很著迷：這是個保育空間、是會好好照顧植物的空間。我對種子銀行這種概念興致很高——因為從中衍生出保育的承諾。不過我看到的用語，卻要我以不同方式思考，而且是抽象化思考。在種子銀行的語言中，這裡儲存的並不是植物，而是其潛力：不是種子，而是「種原」（germplasm），也就是以遺傳可能性來看待種子。種子銀行裡的種子成為「種原蒐集份」（accession），就和檔案庫的檔案一樣。為了要能抽象地發揮功用，每個蒐藏處都需要標準化的系統來管理蒐集份：標示日期、地點、名稱與描述。種子蒐集地的確切條件很難轉化成文字——或許是一處谷地，有某一種泥土，由某種群體看顧。把種子儲存到末日種子庫（Doomsday Vault，斯瓦巴種子銀行有時遭此戲稱），就是把遺傳物質抽象化，脫離當初物種誕生的特定生活世界，使之變成但願永遠別派上用場的蒐集份。

雖然我們頻頻從種子的環境中提取種子，但它依然是過往植物的物質殘餘。它蘊含著在被採集之前的氣候紀錄，說明種子如何回應乾旱、大火與洪澇。移地（ex situ）蒐藏種子（也就是把種子蒐藏到原生環境以外的地方）的批評者指出，把種子移出原本可依照氣候變遷來演化的地方，會導致蒐藏的種子在變遷的世界中變得更無用武之地。即使蒐藏了種子，但這樣的種子就不是過往的穩定紀錄：由於生長發育的機會消退，偶爾必須發育成會開花、結出種子植物，這樣那些種子才能重新採收，再度蒐藏。柯利寫道：這裡會變成「蒐藏複製品，而不是原原本本種子的倉庫。」複製品未必和原來的植物一模一樣。

這種把自然簡化為遺傳物質的想像，抹去了數個世紀以來，植物、人與地方的關係：農人的角色是地方品種的監管者——地方品種是指在特定地方的環境下，經過許多世代栽培出的栽培品種，而農人也左右這些品種生長的社會景觀。這種特異性就是主廚所謂的獨特地方風味（terroir）。在植物生長的田野或山坡上，可能存在著不同的知識，例如植物如何與土壤、日照及降雨互動。某些植物如何一起共榮共生、地方品種來自特定山谷的何種確切環境——這些知識掌握在不僅認識那個種子，也認識種子祖先的管理者手中。為了相信種子銀行有其效能，我們也必需在某種程度上，認為光靠種子就能彌補損失。借用科學史團體的用語，我們必定要是「種子決定論者」。

我工作的時候，會在和團隊其他研究者共享的數位硬碟中放幾個資料夾，此舉也反映出我對這個組織工作的認知。我以用途、年份、主題與作物來標示。我已經離土地的芬芳、離植物生長的感覺好遠好遠。不過，在冰冷的分類中，還是看得到人為錯誤：重複、植物描述的錯誤。只要仔細查看，我便明白沒有哪座種子銀行可以將現實世界完美抽象化。

在這份工作之前，我只在邱園接觸過種子保存的邏輯。那時我在一門為期頗短的植物學課程中，見到了兩個種子保管員。他們告訴我，待在植物標本館、處理植物標本，或者到外頭的土地上實地調查感覺有多奇特，畢竟他們的日常工作都是獨自處理實驗室的種子。

查可在研究千年種子銀行時，曾花時間與這裡的種子保管員合作，記錄下要維持這種規模的蒐藏，必須投入多少身體與主觀的勞力才行。回想我自己遇到的保管員、也讀了查可的敘述後，我明白這不是冰冷的勞力。至少在蒐藏種子時，投入的勞力是至為親密的照料行動。

在實地蒐集種子之後——這本身就不光需要經費，還講求技術、時間，也有投入風險——接著要清潔、篩選與計算種子。保管員之所以能獲聘用，部分原因是他們手工靈巧——他們的工作需要去除微小種子的外殼，提取種子的種原部分。保管員要一一處理種子——在種子銀行，每個種子都很珍貴——可能會使用顯微鏡、鑷子與手術刀。種子可能在抽氣機中經過篩選或依照重量分類。一顆種子何時算清理得夠乾淨，以及品質是否夠好，可供儲存——在某種程度上是完全主觀的判定——這些都需要個別的照料與費神。儲藏種子到種子銀行需要一種信念，也就是認為這個世界值得保護。

部分的我抗拒著斯瓦巴所講求的技術科學信仰：我想到低溫物理儲存，就像看到把一個人冷凍起來，宛如科幻電影與故事中的未來場景。在我的想像中，我常把種子庫與另一種更不祥的地下倉庫聯想在一起：安克羅核廢料貯存庫（Onkalo），也就是芬蘭在地下深處挖出來的核廢料儲存庫，當初的設計是要能撐個十萬年。這裡深入岩床將近五百公尺，設計成永不開啟之墳。安克羅是為了我們身後可能會出現的人而建的。而我們儲藏在斯瓦巴的種子——或許是奢望——不應需要派上用場。但當初建立種子銀行就是要以備不時之需，那是為了我們死守的未來而建的。

我知道，即使到了今天，這依然是必要之舉——不光是回應遙遠的將來可能出現的威脅，更因為世上那些持續不斷的真實衝突。二〇一五年，國際乾旱地區農業研究中心（ICARDA）——這是原本位於敘利亞的基因庫——首度從斯瓦巴提領種子。敘利亞戰爭迫使該中心關閉位於阿勒坡的總部，當初專門為沙漠環境而蒐集的種子也跟著流失了。到二〇一九年，從斯瓦巴提領三次種子之後，這些種子恢復了生機，若非如此，它們永遠無法重見天日，而乾燥環境也會面臨糧食安全的風險。研究中心在黎巴嫩與摩洛哥的新機構分支將種子再度重新繁殖、複製與並回歸蒐藏。

所以，每當我想到種子銀行時，未必會想到泥土——但我確實會想到過去，還有仰賴過去而得以實現的未來。或許，種子的時間並不像我原本以為的那麼線性。

## 禮物

一月底，我們搬回英國一年半之後，我種了兩種番茄和一種辣椒。其中一種番茄是商業販售的種子包，我之前就以容器盛裝，在陽臺成功種出來過；另一種則是晚秋時，與人交換自己儲存的種子。這種番茄是抗病的普莉馬貝拉番茄（Primabellas），辣椒也是從同一個地方取得的，名叫龍舌（Dragon's Tongue）。

在上一次結霜前的幾個星期，我終於在花盆種下萬壽菊種子，就擺在面西的窗戶邊。我讀過這種植物的需求：肥沃、排水良好的土壤、溫暖、大量日照。我開始想像綠葉展開，力量集中於綻放的花朵。我的花園滿是黃色與金色。但是過了兩週沒發芽，我開始擔心了。或許是我把種子放了太久，當然氣溫也不對。我上網查問題出在哪裡：土太潮濕、窗邊太寒冷。我覺得自己好傻，因為讀到的每一條資訊都告訴我，萬壽菊很容易栽培。網路告訴我，萬壽菊「很可靠」、「好相處」，幾乎在什麼泥土中都能長。我想到妮娜的手，從她陽臺生長的植物上取下這些種子，也想到她為了蒐集這些種子而付出的勞力。我想到種子銀行裡許許多多的手、手術刀與托盤。我覺得自己浪費了美好的種子餽贈。

我還不知道，無論我怎麼照顧與注意，都看不到這些種子長到開花結果階段了。我沒辦法蒐藏這些種子，因為我又得跨越邊境，遷移的那時候，番茄才由綠轉紅，而辣椒的花都還沒有結出彎曲如勾的閃亮果實。我還不知道，自己會把它們全部當禮物送走，以一種奇怪的循環方式，在離開前將植物送回給妮娜。

「樂觀主義是病態地忽視事實。」我不記得在哪裡看到這個句子；或許是網路迷因，或是保險桿上的貼紙，也可能是在自助團體或TED演講聽到的。或許在聽到之後幾年，自己太常思考這句話。我不認為自己是樂觀派，雖然朋友們說，他們認為我是。大部分的日子，我會擔心未來：能不能保住工作，那總是我揮之不去的恐懼；我還有房租要付；以及我們的世界會不會不再宜居等等煩惱。恐怕是已經不宜居了。但我還是想種點東西。

如果在一個地方停留夠久，能夠獲取那裡的種子會怎樣？我還不知道答案，但希望我能知道。我知道，當我種下這些種子時，自己已經懷孕四十週。我當然還是或多或少相信未來的吧？

環境人文學者卡特琳娜．桑迪蘭茲（Cate Sandilands）在她多倫多的後院思索要打造花園，以吸引帝王斑蝶時，曾提問：什麼是有希望的大自然？以及我們此刻是否錯置了希望？當我在購買種子，或在規畫下一季的花園、想創造出無法天長地久的美時，常思考這些問題。是不是該把時間花在推動社會改變比較好？一座花園，或以我的情況而言，一粒種子到底有什麼用？留下種子是相信未來的行為，即使現狀告訴我們這樣的未來不可能存在，但我還是這麼做了。

兩件事可以同時為真。

# 13 松園

## 一、蒙氏松（*PINUS MUNDAYI*）

二〇一一年，在加拿大新斯科細亞（Nova Scotia）溫莎市的貝利礦場（Bailey Quarry），一組研究團隊發現了一些化石。炭化的樹枝殘骸不到兩公分，還有石膏裹著。主任研究員霍華德．法康－蘭（Howard Falcon-Lang）把化石打包後送回倫敦，放在抽屜好幾年，再也沒碰過。

二〇一六年，這些樹枝登上頭條。當初挖掘到這些化石的區域，因為發現六千六百萬年前到一億四千五百萬年之前的白堊紀沉積層而聞名。法康－蘭終於以氫氟酸溶解包覆著的石膏，之後再以蒸餾水洗淨，留下細碎的碳化物。之後，他以電子顯微鏡檢視這些殘餘物，再以手術刀切開，再度化驗。結果每一塊都呈現出代表松樹的特徵：管狀的樹脂溝有薄薄的上皮細胞壁包覆，還有兩個松針束（fascicle）的基底。依據這些特色，法康－蘭認定他所找到的樹枝是來自我們今天所見的松樹尚未出現的古早年代，屬於尚未命名的物種。他按照二名法，幫這種松樹取了拉丁文名稱「蒙氏松」（*Pinus mundayi*），這是為了紀念威爾斯醫師德瑞克與瑪麗．蒙戴伊（Derek and Mary Munday）；當年法康－蘭在實地調查時曾染上萊姆病，幸虧碰上這兩位醫師引導他接受整個治療過程。化石有一億三千三百萬年到一億四千萬年的歷史，是有史以來已知最古老的松樹。

有很長一段時間，要精準分類松樹並不容易。松樹的基因體很龐大，許多不同種松樹的染色體相當類似。但有些事情我們很清楚。

松樹——精準來說，是**松屬**（*Pinus*）——出現在一億五千萬年前，整個北半球都有分布，那時北美、歐洲與亞洲尚未分離。當時橡樹還沒出現，山毛櫸、白樺樹也尚未誕生。那時的地球比較溫暖，松樹早早便特化成能在艱困的環境中生存，後來範圍不斷擴張，北到北極圈，南至熱帶。這麼大的範圍只可能透過適應來達成：有些能長在貧瘠的土壤中，以及在極冷或炎熱的氣溫下生存，還有些則是能適應大火。

所以，你可以說松樹是勇於冒險的樹。頑強堅韌、創新、懂適應，花粉與種子能靠著風傳播。松樹對人類來說也相當有用，因此人類有助於松樹分布到全球各地。基於上述所有原因，松樹也特別利於我們理解入侵種。

人們傾向把多種樹木都歸類為「松」。松園（pinetum）指的是許多針葉樹的集結之處，松林裡可能還有柏樹（cypress）、雪松（cedar）、冷杉（fir）、紫杉及落葉松。從植物學角度來看，針葉樹正式名稱為松柏門（Pinophyta），所有現存物種都屬於松柏目（Pinales）。**松**——總共超過百種——代表的不僅僅是松樹本身，還有許許多多的樹。

但我是透過另一種植物分類學來了解松樹。

## 二、北美喬松（*PINUS STROBUS*）

松嶺（Pine Ridge）是郊區中的郊區，這個住宅區較富裕，沿著一片北美喬松（eastern white pine）周圍呈U型排列。在松嶺建造之前，森林是位於農舍與住宅邊緣，這些地方很快都會被收購，用來興建商店街，以及一座很大的購物中心。那時是一九八八年，冬天在我們才剛認得的路邊遺留下白雪，那條路就在我們新車道盡頭的社區共用信箱旁。這裡什麼聞起來都好冷、好新，還有淡淡的新木材香。

我父母買的地延伸約三十公尺，會伸到森林中，所以我們不僅後院有一大片草原，還有自己的森林。至少對小孩來說，感覺起來空間遼闊。我們這一側的房子後方都是樹林，加上房子是新蓋的，還沒有人立起圍籬。森林成為社區小朋友的地盤。我們會在中間見面，已經沒人知道那裡究竟算誰家後院了，大家就地蒐集起樹枝，興建堡壘。這裡的樹都一樣，是已經很高的嶙峋之松，除了被砍掉的樹枝所留下的結瘤之外，沒有什麼地方可以讓我們爬。我們會穿過昏暗的樹林間，來到另一戶人家的後院，那裡有樹屋、鞦韆，還有攀爬架，每個附近的小孩早晚都有跌下來的經驗。我們整個週末都在森林玩角色扮演、耳提面命有哪些市郊傳說，以及萬聖節別去哪幾戶敲門（大家都同意討糖果要避開裡面沒有住孩子的街角那棟）。每年冬天，我會蒐集散落在院子雪地的松果，放到室內的籃子裡，淡淡的香氣附著在我指間。我們的城市自稱森林之城——在這裡，身為孩子的我覺得一點也沒錯。森林給予我們能縱情奔跑的庇護所——可以玩耍、實驗與想像——雖然當時我們還搞不太清楚狀況。

我們就這樣玩耍，直到後來家長決定要豎立圍籬，把木頭或鐵絲網延伸到我們的林地，於是這裡分成了一個個整齊的方形。父母總是說，這樣比較安全，才不會讓陌生人閒晃到別人家後院。就這樣過了幾年，當年帶著幼兒搬進這一帶的家庭，現在突然得對付青少年。後來，森林開始象徵危險。我們沒有告訴他們，那些少年都聚集在巷尾玉米田裡，他們會放煙火、抽大麻菸。我們從那裡還能看見家的那塊林地沒什麼非法活動。人們把什麼別的想法投射到那些樹上，我說不準，但我確實知道，一立起籬笆，自己就完全不再到森林閒逛了。如果哪裡都去不了，那有什麼意義？此外，社區的松樹有一半都生病了，需要砍除。有個樹藝師說，房子蓋得太接近樹根了。光是在我家這塊地，就有九棵松樹枯萎，空間讓給了草地生長。

## 三、歐洲赤松（PINUS SYLVESTRIS）

我從沒認真思考過森林，直到成為青少年時，學校老師要我們多想想。我們讀了《仲夏夜之夢》（*A Midsummer Night's Dream*）與《馬克白》（*Macbeth*），並分析場景如何形塑故事的可能性、樹冠如何掩護惡作劇的行動，以及森林緩緩演替，象徵著命運循環愈來愈繃緊。我們會談童話故事：小紅帽，還有糖果屋，而我經常想到我家後面的森林。但我離家之後，有好幾年居住的地方很少能看見松樹。

後來，到了二〇一四年，我搬到德國，我心中許多關於森林的文化概念似乎就是從這裡發源的。這裡是德國東部，沒有多少古老的林地還留存至今。不過，這裡有松樹，在那平坦的地景上，歐洲赤松（Scots pine）無邊無際地延伸出去。我第一次走在利普尼茨湖（Liepnitzsee）北邊的森林步道時正值冬日。那邊是山毛櫸與橡樹生長的盡頭，可見到大片松樹糾葛生長。這些樹枝沒有經過修剪，予人的印象並非可輕易進入的林地，而是禁忌森林：多刺、陰暗、青綠；霧氣低垂於地面瀰漫繚繞，更讓這裡顯得缺乏生氣。我想，這就是格林兄弟說的松樹吧，就像我可以在這樣的森林裡找到芭芭雅嘎（Baba Jaga）一樣。我想起曾在一本書中看到一幅重印的畫：卡斯巴·大衛·弗雷德里希（Caspar David Friedrich）一八一四年完成的〈森林裡的獵人〉（*Der Chasseur im Wald*），那時法國占領了德國，而兩年前，格林兄弟剛出版第一本故事集。在畫中，一名孤單的法國軍人碰上了如牆一般的樹林。不過，樹林並非無法穿越——只是在畫面上，往前的唯一路徑是要走入黑暗中。

當然，在現實生活中，我看見的樹和這些故事沒什麼關聯。眼前是人類生產的地景，柏林附近土地上的松樹，幾乎都屬於有人管理的種植公司。三不五時，就會有一排樹被噴漆，周圍拉起施工警示帶。下一次我回去時，原本樹木屹立之處，就會變成小小的圓木堆。

作家莎拉．梅特蘭（Sara Maitland）在她的童話與森林研究中，寫到北歐森林正是能長出歐洲民間故事的**地景**；故事的內容是以迷路為基底，或關於尋找別人答應提供、卻藏起來的報酬，也可能有一場令人退卻的騙局，這一切全都得靠某種環境才能發生，而在這種環境裡，前述之事的可能性也都一樣真實。森林小徑會在你身邊蜿蜒，包圍著你。危險的毒蕈菇假裝秀色可餐。在森林裡——她寫道，和沙漠正好相反——我們可以訴說跟別的地方不一樣的故事。地方與文化創作之間存在深刻的關係，那也表示，在德國，約於格林兄弟寫作之時，森林變成了浪漫主義及後來國族主義的自我形象。經過一個世紀後，森林又會有很不一樣的遺緒：我會到首都南邊的森林漫步，而那座森林還保留著許多二次大戰軍人與百姓所留下的痕跡。在另一處人造林的遠端，我發現一座破舊的十九世紀城堡，很適合當作童話故事的背景。這座城堡曾被希姆萊（Himmler）徵收，這塊地就由附近集中營的囚犯翻新。

多年來，我在這個地方經常獨自走進森林，每回都覺得有點心裡發毛。那是因為我讀過的故事，又想到一介女子就這樣獨自在森林中。多數小徑直線穿過樹林間，偶爾會與其他小徑垂直相交，讓我迷失方向。手機常常沒有訊號，因此我會感受周圍的環境：高處樹枝間隙閃耀的日光；我接近水邊時，腳下沙子所散發出的氣味。我專注於所見到的每棵樹的顏色——焦橘色的樹皮與深綠色的葉子——不禁想問，顏色這麼鮮豔的東西怎麼能在冬天依然存在。我唸出森林物種的名稱，去認識每一種在一年四季的型態。歐洲赤松、帚石南、黑果越橘（bilberry，又名山桑子或歐洲藍莓）。波葉曲尾苔（Rugose fork moss）、塔蘚（glittering wood moss）。後來，每一道陰暗的思維都不再讓我的皮膚刺痛，也不再一聽到上方的木頭發出嘎吱聲就回頭。

歐洲赤松是世上分布得最廣的松樹，自然生長範圍從西伯利亞東部延伸到西班牙，從斯堪地那維亞半島到內華達山脈都有。這種樹在貧瘠土壤生長得很好，也習慣動盪——剛好歐洲赤松種植後多半是供伐木用的。但是，人類也拓展了歐洲赤松的生長範圍：它在北美是一種商業樹種，很常當作聖誕樹，現在則被描述為入侵種。我讀到有人以其他視角來描述這種松樹——和其所歸屬的土地森林故事大相逕庭——遂發現一種軍事化的語言。我得知，歐洲赤松是很耐寒的殖民者。歐洲赤松以逃脫人為栽培而聞名，在原本無法屬於它的棲地歸化。

## 四、歐洲黑松（*PINUS NIGRA*）

我已開始在生活中蒐集松樹。起初自己並未發現，但我會注意細膩的差異——松果的形狀、樹皮的厚度，還有松針從樹枝上往四處垂掛的模樣。

住在劍橋那年，有天早上，我們早早起床開車到塞特福德（Thetford）。那時是七月，我期待還沒看到樹林之前，就聞到森林的氣息。尚未砍伐的松樹枝繁葉茂。道氏帝杉（Douglas fir，譯註：常稱為道格拉斯杉或花旗松）在路邊蔥鬱林立，小橡樹苗努力探向夏日天光。我在尋找香氣，或許是在其他森林認識的香氣：帶著柑橘與綠葉的清新。我尋找的是黑松。

一七八五年，德國植物學家約翰．法蘭茲．賽維爾．亞諾（Johann Franz Xaver Arnold）描述，在一趟於奧地利阿爾卑斯山脈瑪麗亞采爾（Mariazell）附近的旅程，他看到一種有松脂的松樹，之前從沒見過。在〈前往施蒂利亞州瑪麗亞采爾〉（*Reise nach Mariazell in Steyermark*）的最後幾頁，他置入樣本的蝕刻印刷圖，有兩兩成束的長松針，以及修長的橢圓形松果。他把這種樹命名為黑松（*Pinus nigra*），現在有兩種亞種最為知名：一種是亞諾遇見的奧地利黑松，還有一種是在地中海一帶更常見的科西嘉黑松（*Pinus nigra* subsp. *laricio*）。

奧地利亞種一直要到大約一八三五年才來到英國，而科西嘉松早在一七五九年便已引進，並成為英國目前的優勢種，主要因為它是具有價值的木材用樹。這種樹生長快速，筆直高人，可發揮工業用途：鐵路枕木、電線桿、屋頂、地板、棧板與紙漿。黑松能在多數物種長得不好的地方——多沙的土壤、海風侵襲的岩石露頭，以及龜裂的土地——蔚然生長。因此，在第一次世界大戰期間，英國喪失了大片森林之後，決定在一九二二年於塞特福德以科西嘉黑松來造林。

東盎格利亞的布雷克蘭（Breckland）地面薄而多沙，一般咸認適合大規模造林。松樹能在此快速生長，尤其是科西嘉黑松。因此在一九二四年取得的一萬一千英畝造林用地中，約兩千畝已有人種植，而令林業委員會會長驚訝的是，早期種植的樹木是原生的歐洲赤松。會長後來寫道，之所以會更換，是因為擔憂樹木對冰霜的耐受度，以及「對於科西嘉松木材的偏見（知名木材商人都是如此）。」但歐洲赤松感染了松梢蛾，導致數量銳減，科西嘉黑松就被選為造林用樹木，以配合政策需要。因此從一九三〇年代起，大片土地就種植了科西嘉黑松，直到二〇〇六年，才因為它容易罹患松針紅斑病（*Dothistroma* needle blight）而暫停種植。這時塞特福德森林——英國最大的低地松樹林——已經成為歐洲黑松的同義詞。

在來到塞特福德的幾年前，我曾用幾週時間在邱園辨識標本館的樣本。這門課程著重於會開花結果的被子植物，而不是我較有興趣的針葉樹與苔蘚。午餐時間，我會走到外頭，進入園區，畢竟這門課給了我參訪證，我可以多加善用，盡量多看些東西。不過松園在園區的另一頭，頂多走到杜鵑花這裡就得折返，繼續上課。不過，我還是在標本館附近發現一棵松樹：一株奧地利黑松，在後方通道旁鋪滿護根木屑的園圃上。那樹木好筆直，金屬般的鱗片爬上樹幹，上方則有濃密深色的樹枝。站在這棵樹下，我只想到童年伴我成長的後院松樹。

　　隔年夏天，我探望家人時又增加了蒐藏。毬果、針葉、一小群長青植物零星散布在小屋土地的附近，在那邊，北美短葉松（jack pine）與北美喬松（white pine）能伸展越過岩石。我把這些蒐集來的東西沿著窗臺排列，開始透過毬果與幾叢針葉辨識這些樹木。我並未看見它們是從哪些樹上掉落——我想要掌握抽象辨認的技巧。以松樹來說，松針通常是二、三或五成束。這些樣本中只有一種是松樹：我已經熟悉的北美喬松，它有名的是五根松針成束，還有長長的毬果。接下來，我小心標示：加拿大鐵杉（eastern hemlock）的小毬果、紫杉一小段堅韌的部分、膠冷杉（balsam fir）柔軟如飾品的毬果。我在心中把它們的型態歸檔，記錄針葉、毬果與樹皮的質感。

我掛念的是松園：或許是想像出的一幅光景，那裡有我認識的所有松樹。在那裡，松樹林綿延得好遠好遠，對我來說，那就是家的感覺。

## 五、臺灣二葉松（*PINUS TAIWANESIS*）

但超出我想像的是，松園其實很豐富，在松園裡，我發現遼闊世界的縮影。我在英格蘭東南部的貝吉伯瑞國家松園（Bedgebury National Pinetum）——據信擁有全球最完整的針葉樹蒐藏——尋找只在臺灣看過的肖楠（cedars）與紅檜（cypresses）。在劍橋的植物園，有一塊林間空地稱為老松園（Old Pinetum），我看到一小叢離原生範圍好遠好遠的松樹種在一起：歐洲赤松、奧地利黑松、美洲矮松（American pinyon）與華山松（Chinese white pine）。我站在世界的中心，太陽以柔和的角度，從蓊鬱蒼綠間灑下。

某年春天，先生帶我到查茨沃斯（Chatsworth）。我們買了進入園區的通行證，但很快漫步到園區邊緣，因為地圖上說這裡有松園。我們順著路徑穿過斑駁的光影，其中一邊有山丘遮蔽，就這樣走著走著，直到無法前進為止。我們愈往前走，樹木就愈大，愈缺乏照料：有日本五葉松（Japanese white pine）與道氏帝杉，巨杉（giant redwood）與黎巴嫩雪松（cedar of Lebanon）。刺柏（juniper）與落葉松的針葉朝著柔軟的草地垂下。我試著大聲唸出這些樹木的名稱，先生則幫途中看見的樹枝一一仔細拍照。在英國中部，栗樹林（chestnut）緊緊挨著有如莊園花園裡老古董的地方，我帶他看我小時候的樹——北美喬松。

當然，松園只是松樹林的影子，提醒我們這世上曾有什麼東西在廣大範圍中生存，而那些之後可能無以為繼。有些松樹我恐怕永遠無緣相見。寫下這件事似乎有點傻——本來就有許多物種是我無法得見的，也有許多物種就是時時在消失——但讀愈多關於物種的事，我就愈想蒐集，愈多愈好。

在研究生物多樣性時，科學家會提到「緯度梯度多樣性」（latitudinal diversity gradient），也就是說，愈往赤道，物種多樣性就愈高，往兩極就逐漸降低。想想看，熱帶雨林的物種多得難以計數，而寒冷的苔原多麼荒蕪。但有趣的是，針葉植物並未依循這個梯度。相反地，針葉林的多樣性集中在北半球中緯度：有一張松樹分布圖顯示著地球有條帶狀圈，範圍不會跑到太南邊。在這張圖上，我的視線停留在一處密度很高的地方：墨西哥的松樹種類傲視全球，相較於我們在歐洲與亞洲所知較為古老的松樹，這裡多半是更年輕的種類。研究人員相信，這些松樹種類從這個區域的東邊和西邊往南遷，並在將近三千四百萬年前，以多樣性來回應大幅下降的氣溫。松樹的分布範圍很奇特，又有很高的多樣性，這是因為其選擇的地形——尤其在山上，高度與氣溫會變化得格外快速。

我是在臺灣中部的一座山上，開始想到松樹不僅是我自己與地球深層過往的殘遺，更是進入未來的門道。我站在一條以壓實的碎石構成的窄路上，一旁就是陡坡，直通下方山谷。山崩鑿開了幾百公尺的岩石，在山邊留下灰色傷口。但在岩屑堆中，有幾叢小小的綠色植物，成為石中的島嶼。臺灣二葉松（Taiwanese red pine，*Pinus taiwanensis*）是顯眼的樹木，直立的樹枝反映著其所生長的山峰。山坡因地震、颱風與山崩而裸露，而臺灣二葉松在飽受蹂躪的地面上是重要的先驅。山崩把所有生命帶走之際，草便開始了演替過程。之後，臺灣二葉松的根部開始讓山邊恢復完整。

說到松樹，我會回歸到這個想法：松樹是重生之樹，是移入者的權宜之計，是大火之後讓森林復原的物種。學者在種系發生學（phylogenetic）的研究中指出，松樹在其歷史中早就有多樣化的種類，且持續不斷發展得更多樣化：今天的松樹有百分之九十源自五百萬年前到兩千萬年前的中新世，那是對劇烈氣候變化的回應。在其生命期間，松樹已適應了容易起火、更為乾燥、熱、冷的世界。我想到蒙氏松這種最古老的松樹，還有日後會一一出現的所有其他松樹。

# 14 淡紫色的同義詞

**錦葵紫（mauve），名詞或形容詞** 有一段時間，我學到了怎麼觀看美。我知道的美不會只有這種，但那是我首次領略的美，也是最令人陶醉的美。我得解釋一下。

我無法說明這個世界的未來，也無法說明為何我要把你帶到這裡，只能說，我相信美是值得的。我知道，你的生命將與我的不同。你會在另一個國家長大，享受不一樣的喜悅。或許，我只是想做個紀錄。這不是說我會忘記它帶給我的感受：每當我看到紫色花朵、英式花園、開闊的石南荒原，那種感覺都會回來。但是，你剛來到這個世界，顏色、光線對你來說都是新的。若我加以解釋，或許你也會看得到。或許你會知道我們為何在這裡，不在那裡，或另一個地方。

我六歲時，父母第一次帶我回英國。我家鄉的學校已開學，這趟行程讓我錯過一年級的三個星期。我把看見的東西羅列記錄下來，才能在大家面前秀寶貝說故事（show-and-tell）。在那個時候，我和喬恩姑姑與榮尼姑丈已經一起在花園裡，以晾衣繩晾過衣服。我很喜歡。在我家鄉，是不能把東西掛在外面的。花園裡種著蔥與薰衣草。我們還搭過火車，前往威爾斯山區，進入白茫茫的霧中。我和表哥葛瑞斯一同上了一天學，但我覺得自己很蠢，沒有制服穿，也不會說威爾斯語（當然囉，那天上的課就是威爾斯語）。

我這輩子旅行過好多次，但從來沒到過哪個地方，會有像在家的感覺。從來沒有哪個地方像這裡有這麼多家族成員，或是有曬衣夾、淋上麥芽醋的薯條。放眼望去，感覺起來一切都似曾相識。

在這趟旅程之前，我可以列出我所知道的英國事物；我和祖父母度過的每個下午，會像海綿一樣吸收這些事。

好希望你也認識他們，因為他們給了我好多好多。

爺爺奶奶在我姊姊出生之後，從卡地夫搬到加拿大來支援我的父母。我在學校上全天課之前，爺爺會在上班午休時，從托兒所或幼兒園接走我，開車送我們回家吃奶奶當天稍早就開始準備的午餐（他稱為「大餐」〔dinner〕）。每天，我會穿上同一件的棕色格紋圍兜，那是奶奶為我縫製的。我們會吃馬鈴薯泥、肉汁，還有燙蔬菜與烤豬肉，或是雞肉切片，有時候還有鹽漬牛肉烤派或是炸肉餅。我們會喝茶，享用從瑪莎百貨（Marks and Spencer）買的消化餅，並在角落的小電視上看《湯瑪士小火車》。

有時候，如果爺爺心情不好，他會告訴我們，那天是「閃電戰」(Blitzkrieg) 日，要我在壁爐旁以巴素擦銅水 (Brasso) 擦拭人偶。(我就是這樣學會「閃電戰」這個語詞——過了很久以後，才知道還有其他意義。)

爺爺回去上班後，整個下午奶奶就和我看看書、畫畫與玩耍。爺爺通常會以鮑伯・魯斯 (Bob Ross，譯注：一九四二—一九五五年，美國知名畫家，頂著蓬蓬頭主持《歡樂畫室》節目，教觀眾快速完成油畫，從一九八〇年代開始風靡全球) 的風格來畫油畫，但奶奶會俯身在拋光的木餐桌上，教我怎麼像她一樣畫水彩風景畫：有紫色原野，還有植物蓬亂的小屋花園。我們畫著她從英國帶來的數字油畫，畫著老照片上的花園、日曆上的威爾斯城堡，畫了一張又一張的柯奇城堡

（Castell Coch）。她會以一片片的花瓣為例，示範如何把畫筆按在紙上，如何畫出曲線，讓葉子栩栩如生。在奶奶和一組顏料的陪伴下，我漸漸知道英國的植物是什麼：蜀葵、山楂樹、醋栗（gooseberry）與荊豆（gorse）。

爺爺奶奶返鄉時，會買故事書送我。碧翠絲・波特（Beatrix Potter，譯注：一八六六—一九四三年，英國插畫家與自然科學家，《彼得兔的故事》等童書著作相當知名）的農場故事、羅德・達爾（Roald Dahl，譯注：一九一六—一九〇〇年，英國知名作家，著作等身，其中《巧克力冒險工廠》、《瑪蒂達》皆曾改編成電影）故事集，還有許多關於獾的故事書。這些書現在都在你的書架上了——你會在每一本書的第一頁，看到我以鉛筆簽上大名。這些書我全都讀過，但更常只是看看圖片，也就是穿著衣服的森林動物後面的景色。那些地方和我住的地方不一樣。我從來沒見過獾、刺蝟或是野兔。在我家後院，就我所知，最接近野生狀態的就是一片松樹林。

奶奶讓我看到的自然有一種色彩，和那些樹木的棕色並不同。在我最喜歡的書上，會印刷著植物糾結生長的圖案。其中有飽和的綠色、閃亮的粉紅，還有朦朧的藍色。四處雲霧籠罩，柔柔軟軟。奶奶教我的顏色是以花朵為名：鳶尾（iris）、丁香（lilac）、薰衣草（lavender）。還有一種紫色我好愛，卻沒辦法描述。奶奶告訴我，那叫錦葵紫（mauve，或譯為藕合色、粉紫或淡紫）。我從來沒有聽過其他人說這個字，不確定該如何使用，或何時使用。但我那時決定，那就是我最愛的顏色。

我想，許多孩子會選擇紫色當作最喜歡的顏色。我不認為自己喜歡紫色有什麼特別。

只是，我稱紫色為「錦葵紫」。（所以，或許我真的認為那挺特別的。）

「mauve」來自拉丁文的錦葵屬（malva）這個字，以及法文的錦葵。如果要告訴你錦葵是什麼顏色，我需要另外使用一個字來代表「錦葵紫」。

但是我查了已用了十年的牛津英語同義詞典（Oxford thesaurus），語詞排列卻從「mausoleum」（陵墓）跳到「maverick」（特立獨行的人）。

「抱歉，柯林斯英語同義詞詞典〔Collins English Thesaurus〕找不到結果。」

Thesaurus.com網站列出五個「錦葵紫」的同義詞。第五個——「堇菜的」（violaceous），聽起來很荒謬，所以我第一個就用滑鼠點開它。這個條目只寫著「**如同**錦葵紫」、「**如同**紫色」，並列出其他相同的同義字——「薰衣草」（lavender）、「紫丁香」（lilac）、「李子」（plum）、「堇菜」（violet）。這些關係詞並沒有告訴我關於顏色的任何資訊。

那我試著解釋看看。

在那一趟造訪英國的旅程，我們走遍了威爾斯，也去倫敦，還有康瓦爾。到了旅程末尾，我們來到德文（Devon），我有個叔父住在這裡。我們騎著馬，穿過達特穆爾（Dartmoor）的觀光小徑，大家看起來都不開心。那時是十月，空氣已經很冷冽，雨下個不停。爸爸和姊姊緊緊裹著雨衣。表弟表妹哭了，因為他們害怕小馬。小馬蹄踩碎馬糞，沾到花斑的腿上，凝結成塊。不過，我感覺到胸口搏動，喉嚨屏住氣。石板黑的天空模模糊糊沒入崎嶇的地面，鮮豔的花朵地毯延伸到遠方。這是我第一次置身於自己見過的地景當中，即使只是在書本和繪畫中見過。我人就在奶奶教我的那片柔軟當中，四周都是帚石南。

我想要為眼前所見景物找個語詞，但一時間我想到的，就只有「淡紫」（mauve）。

**帚石南（heather） 名詞或形容詞** 帚石南（*Calluna vulgaris*），俗名為heather或ling，是一種在酸性、排水良好的土壤茂盛生長的灌木——在北歐的石南荒原與高原沼地生得很好，就長在大片色彩繽紛的地景上。冬季與春季，其親屬歐石南（*Erica*，歐石南屬）會開花，而夏天與秋天，則輪到帚石南。這種植物會巧妙平衡，葳蕤生長：如果過度放牧，這種植物就會枝葉枯萎。如果小樹生長沒有減少，就會被森林取代。帚石南需要細心維護，其棲地是人為的，透過人類謹慎用火焚原，使其分布範圍維持平衡不變。接下來，帚石南可以用作牲畜與松雞的飼料，而低矮的植叢也能為其他鳥類遮風避雨。至於在美感方面，帚石南提供的價值很難以數量來度量。

來到達特穆爾之前，我從沒見過帚石南。安大略省南部沒有野生的帚石南，我們居住地的整齊草坪與觀賞花園中，也很少見到這種植物。我在成長過程中會漸漸知道帚石南，是高中透過指定閱讀的文學作品而認識的：在《簡愛》（*Jane Eyre*）中，女主角在高原沼地上，發現自己在石南叢生的荒地過夜，一片「荒蕪貧瘠」，醒來時她卻發現陽光照亮這裡的地景之美。十一年級時，我們要讀《嘯風山莊》（*Wuthering Heights*）；書中的凱特渴望在這塊土地上過得狂野自由：「要是讓我到山丘的帚石南間，我確定能成為自己。」在勃朗特家，婦女們漫遊在雄偉崇高的岩石地景之間，那是由凜冽冷風鑿出的景觀。帚石南永遠都在。十幾歲的我會隨身攜帶這些小說，心中推敲著當個荒山野地上的女子可能是什麼意思。

我不需要了解帝國如何運作，帝國就能深深影響我；雖然此事從來沒有人以批判的詞語說出口，但與核心的殖民地只有一小段距離——這個觀念仍在學校生活中無孔不入。在歷史課，我們的書上印著棕色的圖，顯示英法兩國的殖民者會以他們的家鄉意象劃分領土：英國的土地是以塊狀田野拼綴，法國則是狹窄的帶狀。我們學到，加拿大的土地曾被認為不值得馴化，太浪費力氣，本身也不美。也就是說，不像殖民者的故鄉。不像我家人的故鄉。

光是透過重複——在故事書中，以及課程中認為是經典作品的小說——英國地景就漸漸代表了浪漫，是自然中的理想。我沒有留意窗外的植物相——平坦土地上種了西洋油菜與玉米，森林則是由糖楓（sugar maple）與松樹構成。關於這些植物，我讀得太少，老實說，也沒什麼興趣。還要過了許多年以後，我才會明白，我對於美的概念，是從遙遠土地的故事建構而成。

**薰衣草（lavender）名詞或形容詞** 我十八歲，離開了家，到海岸邊生活求學。一想到能前往新斯科細亞在海邊生活，就覺得開心。我打包了學校同學和男友的照片，還有這一年要看的書、要帶的衣服。我有英國樂團的海報，會從英國廣播電臺聽樂團表演的直播。我幾乎沒留下任何有價值的東西，不打算再回鄉。

新斯科細亞和我去過的地方都不同，宛如想像中的地方：海灘上岩石遍布，海水灰濛濛的。這裡霧氣濃重，即使在幾浬之外，船上的鐘聲還是聽得清楚。我沿著碼頭逆風行走，繞過半島，雨衣緊緊貼在身上。我呼吸著雨水，嚐到鹽味。我眼前這塊灰色的地崎嶇不平，羽扇豆（lupin）點綴其上。在霧中，所有的顏色感覺都不飽和，李子變得灰灰的。在我住的房子外，薰衣草長成巨大草叢。我在這一切中找到美。雖然無法解釋，但我還是掛念著其他地方。站在波因特普列森特公園（Point Pleasant Park）的尖端，我在想像中畫出一條斜線，跨越海洋幾千浬，抵達英國，到那別人教過我的地景上，與美面對面。

我想要的，就是看見帚石南。

在露西・莫德・蒙哥馬利（L. M. Montgomery，譯註：一八七四－一九四二年，加拿大作家）的小說系列《清秀佳人》（*Anne of Green Gables*）第三集：《小島上的安妮》（*Anne of the Island*，譯註：亦稱為

《安妮的戀曲》），安妮就在新斯科細亞求學。她去過的地方或多或少是虛構的，但我可以把那些地點像描圖紙一樣，和我所認知的地點重疊。在其中一個場景，安妮和朋友造訪了以波因特普列森特公園為藍本的地點。這裡的美讓安妮欣喜若狂，而這一群朋友聊著聊著，便想起了幾本書。

（我是不是有時候也和安妮一樣欣喜若狂？）

「說到浪漫，」普莉西拉說，「我們都在尋找帚石南——不過，當然了，完全找不到。我想，現在這個季節太晚了。」

「帚石南！」安妮驚嘆，「帚石南不會生長在美洲吧？」

「在整個大陸只有兩叢帚石南，」菲爾說，「其中一處就在這座公園，另一處則在新斯科細亞的某個他方，我忘記是哪裡。蘇格蘭高地步兵黑衛士兵團（Black Watch）很有名，曾在這裡駐守一年，而他

**們在春天甩甩床鋪的禾稈時，有些帚石南種子就在此生根。」**

我開始找資料之後，發現早在蒙哥馬利寫這本《小島上的安妮》之前好幾十年，就已經有帚石南現蹤的紀錄。整個十九世紀，在麻薩諸塞州、紐芬蘭，以及新斯科細亞的其他地方，都有帚石南叢。在一百年間，就有二十九次的目睹紀錄。其中一次特別突出：一八六一年，有人在麻州園藝展說，他目睹到一種「原生」帚石南，這個說法引來很大的爭議，於是整個植物學團隊被派去調查。起初許多人認為，採集這種植物的人肯定是弄錯了。不過，植物學家在辨識帚石南時，會看葉子的垂直排列角度，並憑它在夏末沿著單一枝條開花的特色來辨認。他們知道這是什麼植物，為此也爭論應該要歸為「原生」或「引入」種才對。由於只有零星叢簇，因此有些人認為，或許這種植物**是**原生於北美，但可能在這塊大陸上瀕臨滅絕。

一八七六年，一位名叫喬治・洛森（George Lawson）的植物學家試著提出解釋。他觀察到，波因特普列森特的簇叢看起來是刻意栽種，沒有其他植物或殘骸，花圃是從岩石地面清出來的。他查了紐芬蘭發現的樣本，卻只得知在兩百年前，有人帶了這些植物來裝飾巴爾的摩勛爵（Lord Baltimore）的花園。但是，在收到帚石南在新斯科細亞生長於看似荒涼貧瘠的土地上的報告後，即使有待確認的數量之多（帚石南是生長緩慢的植物），洛森還是提出了同代人共有的結論，也就是這種植物**必定**是原生於北美。想把這種植物的出現歸因於高地步兵團，無非是想謹守這種植物**必定**是外來種的觀念，畢竟這種植物有其象徵。洛森看到了一種渴求——要把帚石南連接到殖民地發源的故事、連結到往日故鄉的傳說；想把帚石南變成某種浪漫傳奇。

不是只有洛森這樣描述。從那時候開始，有許多關於帚石南的報告，下的標題統統提到歸屬的問題：「美洲石南」（American

Heather）」與「帚石南，美國原生種」。

一九五八年，植物學家羅伊·克拉克森（Roy B. Clarkson）對數十年來關於帚石南的研究予以概述，他寫道：「比起在美洲分布範圍差不多的其他植物，帚石南**得到**更多矚目。」為什麼這種生長緩慢、只在幾個地方有紀錄的叢生灌木，會讓人這麼激動？

今天的共識是，帚石南事實上是被引進北美，但數量不多，因此似乎只在少數幾個地方找得到看似野生的帚石南。這是有許多起源故事的植物——在殖民地上歸化的植物。

在《小島上的安妮》中，蒙哥馬利再三說著一則傳統故事，那是當時科學文獻中重複訴說的事，幾乎是一字不差：這種植物是高地軍人的床鋪或掃帚帶來的。她的角色提出問題，展現出植物學家——

以及殖民者——的精神：這種植物可能屬於這個地方嗎？而同樣地，它所代表的美也可能屬於這裡嗎？在四年間，我從沒看見生長在新斯科細亞的帚石南。但是在安妮身上，蒙哥馬利透露出一種我也能領會的情感分類學：它有引人遐思的價值，那關乎浪漫、喜悅與深深的渴望。

**懸鉤子（bramble）名詞或形容詞**　在〈小水域〉（Small Bodies of Water）這篇文章，作者鮑爾斯寫下自己童年在紐西蘭度過，之後才搬到英國：「我學習樹木的名稱，那些樹木出現在從小就看過的故事插圖中，我卻從未在現實生活中親自一睹。現在，這些樹木對我來說，幾乎帶著神祕色彩：赤楊木、榛樹、紫杉、梣樹（ash）。」

我二十一歲時，終於搬到英國。我得到在倫敦的碩士班入學資格，研究景觀美學。我心中惦記著一種生活，那就是到我長久以來理想中的那個地方行走與書寫。

（為了尋找美，我到處遷移。）

公寓位於達特茅斯公園（Dartmouth Park），是從房東繼承的維多利亞聯排屋二樓改造而成的。所有牆面都有怪異的角度。廚房窗戶少了一塊玻璃，但我隨遇而安，告訴自己能找到公寓已算幸運。我以厚紙板和封箱膠帶封住縫隙。從那一扇窗，可以望見下方的花園，而花園後方，則是漢普斯特德荒原上的天空。我聽過這個地方，但從未這麼近觀看。這個地方早就在我的想像中成形。

對我來說，這片荒原就是休．葛蘭（Hugh Grant，譯註：一九六○年代出生的當代演員）在《新娘百分百》（*Notting Hill*）電影中步行穿過的常春藤隧道。是莎娣・史密斯（Zadie Smith，譯註：一九七五年出生的英國小說家）的小說場景；是理查・梅比走過的邊緣地帶。從名字來看，我以為這裡會是崎嶇不平的土地。但我發現，這裡有起伏的曠野、離離蔚蔚的綠籬，還有綠樹成蔭的步道。山丘坡度剛剛好，讓人能一睹向晚時分的光線。這裡可以眺望教堂尖塔、紅色疊瓦屋頂，還可一瞥其後方的城市。這地方太完美了，好像把奶奶與我當年畫的圖擺到現實中。看起來不像我印象中的石南荒原，但無法否認，這裡有屬於它的美感。

那年春天，我第一次看到矮樹籬白花綻放。我辨識後叫出它的名字：山楂，這個字以前在我口中反覆說過無數次。單子山楂（Common hawthorn）在加拿大繁盛生長，是英國殖民者引進的植物，但直到我在英國目睹之前，並不知道該如何辨別。我學到它有乳白花朵與扁平綠葉，形狀就像是歐芹（parsley）。從這裡，我開始懂得此地都生長些什麼。小酸模（red sorrel）的嫩葉在我舌尖酸溜溜的。夏天進入尾聲時，懸鉤子的莓果讓我的皮膚沾上深紫色汁液。這些植物在我來的地方都有如野草蔓生，但在此處，我卻覺得能更認識它們。這是它們的歸屬之地。

我的祖父母或許來自威爾斯，但我無法擺脫的感覺是，他們會喜歡英格蘭的地景。他們想畫的，是否就是把這樣的自然描繪出來，好讓自己更向那個地方靠攏？

父親不喜歡我提到英格蘭。但在加拿大待了四十年的他，說話聽起來也不太像威爾斯人。

我的碩士生涯就是在思考美，以及我們對於「歸屬」的美感體驗。我的論文題目是「居家生活」（HOME LIFE），因為我無法不去思考我們是如何好好把生活過下去，以及在家的感受是怎樣一種感覺。我在論文中沒寫的是，我想像家是錦葵紫色的，我確實這樣想。

完成了學位，美的問題依然縈繞心頭。於是，我又攻讀博士，思索著關於漢普斯特德荒原的事，因為我想了解，為什麼在來到這裡之前，就覺得已了解這個地方，我甚至連見都沒見過呢！我想知道，為什麼有些地景會列入紀錄，別的地景又不會；還有我們如何想像與打造出完美、理想化的自然。

我寫下，當我們談論保育時，很重要的是去追問：我們保育的究竟是什麼樣的地方想像？也就是說，這是歷史課題。

二〇一二年夏天，我攻讀博士一年了。這年夏天，孩子們唱著〈生命之糧〉（Bread of Heaven）與〈耶路撒冷〉（Jerusalem）組曲，此時英格蘭的綠地與樂土彷彿成了榮譽勳章。有一段時間，像我這樣用天真的視角喜歡這個地方，成了一種時尚。（譯註：二〇一二年倫敦舉辦夏季奧運，在開幕典禮上，有合唱團唱〈生命之糧〉與〈耶路撒冷〉。）

當然，問題不在於土地。土地穿著人類給的外表——很不容易脫去。

雷蒙．威廉斯（Raymond Williams）是我很喜愛的自然文化評論者。他寫道：「英國帝國主義全盛期的利己愛國主義，會在一種充滿鄉間風情的往日樣貌中，發現其最甜美、陰險的一個面向。」我寫的，是不是就是這種美？

當時我還不知道該如何承認，之所以提出這些問題，原因非常個人；我不知該怎麼承認，自己有必要弄清楚，這種美的理想之於我為何感覺上如此重要。我明白部分原因是由於它代表家庭之愛。但我想，現在的我承認了背後有某種特權；一直要到寫論文的時候，我才開始懂得，自己是在帝國意識型態下被形塑出來的人。

湯瑪斯．強森（Thomas Johnson，譯註：一六〇〇—一六四四年，英國田野植物學之父）在一六二九年的《植物之路》（*Iter Plantarum*）與一六三二年的《旅程記實》（*Descriptio Itineris*）中，記錄了兩次造訪漢普斯特德荒原所看見的些許植物群。更早以前，約翰．吉拉德（John Gerrard，譯註：一五四五—一六一二年，英國的藥草商，作者文中提到的《本草學》出版於一五九七年，為十七世紀很普及的園藝與藥草書籍）的《本草學》（*Herball*）網羅的內容就不僅止於漢普斯特德荒原，而強森的著作是最早提及此地植物相的作品。他的漢普斯特德荒原果然名副其實：一大片遼闊的地景，由酸性土壤構成，還有始新世的沉積沙層，以及石南荒原上的植物：帚石南、樅枝歐石南（bell heather）、荊豆、黑果越橘與刺柏。這是人為棲地變成的公地（common land），可放牧牲口、採集灌木或木材，是個需要使用與焚燒的地方，也要清除灌木、擋下樹木。

在十八、十九世紀，漢普斯特德荒原和我著迷的地方有類似之處。人們來了：因為漢普斯特德的水有療效，因為荒原有新鮮空氣。國定連假週末時，這裡的遊樂場充滿歡笑聲——人群成千上萬出現。當倫敦這座城市擴展到漢普斯特德荒原，挖掘的情況也出現了。在荒原周圍，這一帶的土地開始興建起城市。

在描述採砂石對荒原造成的損害時，公地保護協會（Commons Preservation Society）主席艾維斯里勛爵（Lord Eversley）格外哀嘆帚石南消失這件事。採砂所造成的危害「摧毀草本植物群與帚石南。」

他寫下，挖掘「造成的威脅，已嚴重到會干擾漢普斯特德荒原的自然地貌」，而「荒原已受到很深的傷害。」

有好幾天，我會用整個下午在以前採砂石所留下的深坑附近行走。如今，樹已侵占了這裡。距離採砂石的年代縱然已過去兩百年，深層的破壞依舊存在。

一九一三年，漢普斯特德科學會（Hampstead Scientific Society）的植物學家亞瑟·喬治·坦斯利（Arthur George Tansley）觀察後表示，漢普斯特德荒原已完全變成長草的荒原。他說，這裡不再是「真正的石南荒原。」

我想問，什麼樣的漢普斯特德荒原，是最真實的荒原？

我花了五年時間書寫這個地方，直到把它美的精髓都徹底吸收為止。在這些山丘上，野生帚石南我連一次都沒見過。不過，彷彿是要滿足渴望一般，我把帚石南的形狀刺青到自己的皮膚上。就那麼一枝，在接近肋骨的位置。

**古螺紫（Tyrian purple）名詞或形容詞**　奶奶總是告訴我，紫色是皇家的顏色。這個顏色之所以珍貴，是因為在幾個世紀以前，要提煉紫色顏料非常困難，必須以鹵水煮海生軟體動物十天。在一張古地中海地圖上標著「紫色生產地」，也就是有紫色點點分布的海岸。這些紫色地區（研究人員是運用光譜分析法、色層分析法與古老文獻才找到了它們）和「紫色」這個顏色的歷史糾葛盤結很深，而百科全書會告訴你的事，並非紫色的原型態，而是古代文明要花多少錢來製作出紫色。

我在一本書上讀到，紫色是上帝的禮物。但是，紫色也可能是瘀傷。

直到一八五六年，有個名叫威廉・亨利・珀金（William Henry Perkin，譯註：一八三八－一九〇七年，英國化學家，合成出苯胺紫）的人合成出紫色。他是不小心合成的：大英帝國擴張到南半球時，奎寧成了對抗瘧疾的戰爭中不可或缺的必需品。有一天，珀金設法要合成奎寧，卻做出了他稱為古螺紫的染料。這種紫色有諸多名稱，其中之一就是帝國紫。

我在報紙上讀到，珀金斯（Perkins；譯註：當時有人誤把他的名字從Perkin拼成Perkins）把這顏色重新命名為「淺紫」（mauve）。

完成關於漢普斯特德荒原的研究後，過了三年，我開始鎮日書寫。彷彿是要彌補我那理想化的三年，我不再寫英國的事。我搬到了德國，那時候英國選民投票，決定脫歐。

我正學著把自己對祖父母的記憶、他們摯愛的美，與那個地方後來變成的模樣切割開來。現在，英國特質不再令人感到慰藉舒適。不過，對了解帝國意義的人來說，這也不是什麼新鮮事。

我無法在一個充滿敵意的環境，告訴你什麼是美。

這些年，我在其他地方尋找帚石南：在德國東部的土地上，只要了解這個地方的人，都知道這裡可不是什麼中立的地方。我對這片土地不抱任何期待。這裡的歷史不屬於我：這裡的美比較複雜。不過，我還是學著愛它。我結婚、我成家。

在冬季的某個月，我受邀到約克郡的自然寫作研習小組朗讀。

我從沒去過約克郡，我先搭機飛往曼徹斯特，再搭火車到科爾德谷（Calder Valley）。我爬到山頂水庫游泳。我和一群作家在酒館樓上的房間集合，在聽眾面前唸一本書，談的是我母親對美的概念：關於臺灣的地景，關於她的雙親。我沒有談到英國、帚石南，或錦葵紫。其他人朗讀關於鯨落，以及鰻魚環遊整個海洋，到其他地方生活的事。

在小組集會結束後，我和另一名作者聊天——詩人扎法爾・庫尼雅爾（Zaffar Kunial）。他告訴我，他是哈沃斯（Haworth，譯註：勃朗特姐妹的故鄉）的駐地詩人，就在勃朗特牧師公寓博物館（Brontë Parsonage Museum）那裡。他邀我隔天早上和他走一趟博物館。

我沒有說出口造訪這個地方，對我來說有什麼意義。

八點四十五分，我們搭上勃朗特巴士，這是在赫布登布里奇

（Hebden Bridge）與基斯利（Keighley）之間的高原沼地，負責接送觀光客與當地居民的巴士。車子疾駛，速度之快，模糊了窗外的山丘景色。雨水畫過車窗。穿著雨衣的鄉間漫步者在本寧步道（Pennine Way）沿途的站牌上下車，扎法爾和我在說話時得拉高音量，蓋過他們的聲音；雖然我們才剛認識，我卻很大方承認自己寫作遇上瓶頸。我們列出與自己作品相互交織的植物：扎法爾說起他童年家中花園的金鏈樹（laburnum tree），而我則提到自己對帚石南的愛。我從未與人說過這件事。我告訴他，希望這份愛能夠不偏不倚、輕輕鬆鬆。但這番對話一定會和我想追問的美的問題密切相關，以及也關乎英格蘭如何占據了文化想像，縱使你根本不是來自英格蘭。

我內心明白，我們的對話指出了哪些令人不自在的字眼：諸如「移民」、「殖民地」。在山丘頂，公車顛簸一下之後停車了。我們下了車。

哈沃斯以灰岩建成——從當地的谷地開採——還有成群的小屋沿著陡峭的山構築。在頂端的那間牧師住所，就是勃朗特姊妹曾生活、寫作的地方。扎法爾帶我到博物館的檔案庫，他已經預先致電。館員拿出很少人看過的信件，是安妮與布蘭威爾之間的通信，還有三姐妹各自的書。職員把東西捧到我們面前時，我們從軟墊座椅傾身向前，仔細查看。身為作家，我應該開心不已；我何其有幸能來到這裡。但我沒說的是，我無法全神貫注。我最想要的是到外頭吹風淋雨。檔案庫是很溫暖，還鋪著柔軟的地毯，但山邊才更像一直出現在我想像中的地方。

後來，我們走進原野，也就是艾蜜莉曾走過的地方。寒風掃過高地，我拉起外套拉鏈，圍巾繞了兩圈。扎法爾穿著羊毛外套，扣子沒有扣起，彷佛已對這種天候免疫。為了避免踏進水窪，我踩著地上的霜，清脆的聲響傳來。我們當然會聊勃朗特姐妹，但大部分是在聊他的詩、我的書，想寫點什麼卻文思枯竭。我們聊著自己的希望。在這趟行程的最後，他告訴我他感覺獲得靈感，要留下來寫作。我也感覺到了。那是介於對一個地方的渴望，以及對寫作的渴望，兩者之間的什麼：我覺得現在已經很少見了。

我獨自搭巴士回鎮上，途中望向車窗外。映入眼簾的是深色石頭，還有在斜坡上星星點點的紅與橘色。帚石南此刻已轉成紅銹色，季節已過，不再是紫色了。留在這裡有什麼意義？我對英國的疑慮依然在心頭迴盪。但我要自己好好地看，繼續觀察。這裡難道沒有某種廣闊之美嗎？我知道，山丘間的帚石南形塑了我，雖然我以前從未涉足此地。

**紫紅（red-violet）名詞或形容詞**　你擠進我子宮的那週，帚石南掃過我的腳踝。我們在峰區（Peak District）。你父親與我整天都在走路，無論我們去哪，我都想著約克郡的那天。我想說自己是在思索著書，但其實我真正在想的，是《傲慢與偏見》（*Pride and Prejudice*）的場景（綺拉·奈特莉〔Keira Knightley〕的版本）。我有懼高症，卻發現自己站在斯坦納奇懸崖（Stanage Edge）邊。狗兒比我勇敢，牠朝著邊緣步步逼近，風不停吹過牠口鼻的細毛。我們整個星期都在山間行走，滑到溪水中，速速通過瀑布，來到金德斯考特（Kinder Scout）頂部。這裡的陽光、雨水和雪一同出現。當時我們還不知道你已和我們同在。我們才剛搬回英國，但我在想，如果要在這裡養育孩子，那麼我希望我們的生活是這樣：穿越崎嶇的土地時，寒氣會弄濕我們的腳，但大家都在一起。我很快會這麼想像：對你來說，我們的世界是朦朧斑駁的影子，而你的世界就在我體內的暗處。

一個星期後，我站在粉紅色的浴室裡，左手拿著一根白色塑膠棒。外頭已是仲春，天氣很好，世界充滿高昂活力，現在大家可以成群在外活動，果然喜不自勝。我的手機定時器響了，過不久，鈴聲震耳欲聾。經過幾天令人煩躁不安的好奇之後，你出現了：兩條紫紅色的線，一條比另一條略淺。

**紫丁香（lilac）名詞或形容詞**　我不記得自己究竟是幾歲時，奶奶打開數字油畫的畫布，讓我們祖孫一起畫。我們通常是畫花卉靜物畫——花瓶裡的水仙、紫丁香與玫瑰花束。不過，這幅畫還承載了其他指望。盒子上有張小屋花園的圖：木造橋、茅草屋頂，卵石步道旁有蜀葵、薰衣草與水仙夾道。池塘旁有蘆葦與橡樹。

我認為，**家**應該就是這個模樣：什麼都靠得很緊密，大自然就緊挨著室內生活的邊緣。就我所知，那是最美的景色。我們祖孫小心調壓克力顏料的顏色，以搭配數字。當時我並不覺得這幅畫很俗氣，也沒想過世上有多少一模一樣的畫存在。我們把圖畫掛在祖母家的臥室，後來她搬到安養中心住，這幅畫就掛在她床頭。我去探望她、握著她孱弱的手時，會看見那手因為帕金森氏症而顫抖。我多希望我們祖孫都在那幅畫中：五彩繽紛、輕鬆自在，四周有百花包圍。祖母過世後，這幅畫就由我繼承。

接下來的歲月，我常看著這幅畫，試著把自己投射到那片花園場景中，當年我在她床邊時就曾這樣。我在想，若那個地方真實存在，會在什麼地方、長什麼模樣？我不在乎這幅畫其實是工廠製造的。我想站在那座橋上，朝著房子走去。但我也知道這種渴望中蘊藏著不安。感覺上，我是在把一個不完全屬於我的東西理想化。

現在，我懷你六個月了，實在累得抬不起任何箱子。搬家工人把最大的物件放在指定擺放的房間，而我則負責規畫，以彌補自己使不上力：嬰兒床可以放這裡、哺乳椅擺在窗邊。我喜歡這個小儲藏間，從這裡能眺望山楂樹、紫丁香，還有籬笆後面的步道。我想要站在屋裡的窗邊，把每一種植物的名稱說給你聽。紫丁香是帶點土灰色調的紫棕色，夏天的燠熱使它色彩黯淡，就像百香果的外表。門邊長的是紫藤（wisteria），因此門口的陽光會是泛著藍紫的長春花（periwinkle）色。我們才剛搬到劍橋，還在思考讓你在英國長大的這個想法，不過這棟租來的河邊小屋，感覺對我們會是個安全的出發點。

我把奶奶的畫帶來給你。姊姊以棕色的紙張和氣泡墊包好，以海運遠渡重洋寄來給我。這幅畫若掛在你房間，那是再適當也不過了——就好像畫能讓你和奶奶朝著彼此伸出手，指尖碰指灰。我想，如果要在這裡把你帶大，就需要擺些祖母的東西才好。

**紫水晶（amethyst）名詞或形容詞**　四十一週時，助產士來到我們家。她要我躺下來，滑進兩隻手指，抵著我的子宮頸。她說，如果順利的話。我可以在池裡生產，從那裡可以看到醫院的花園。但是，你那天還沒來。兩天後，另一位助產士又來試試看。你還是在我的身體裡。試了三次之後，她們說得引產，這樣我便得去醫院。她們又再嘗試了兩次，你依然留在裡頭。助產士打趣道，我讓你住得太舒服了。我只是想幫你打造個家。

預產期過了兩週又一天之後——「過了」只是一個相對性的語詞，我知道——你被拉出我的身體。你的誕生石本該是石榴石，但你選擇了紫水晶。我早該料到的。你皮膚顏色像是紫色的酒，你的聲音聽起來好痛，但雙眼已準備好面對這世界。我覺得自己還沒準備好——一開始，我不敢相信你還活著。但他們把你的身體塞進我的懷裡，我看見你在呼吸。我的血弄污了你的臉蛋、你的頭髮。於是我知道，你是個有野性的小傢伙——雖然你是在一個只有白牆和日光燈的無窗房間，來到這個世界。我不知道外頭的草地是沐浴在陽光下，還是已籠罩在黑暗中。我什麼都不知道，只有身體感受到強烈的感覺。他們以紅色的羊毛帽蓋著你的頭。這個顏色傳達出訊息：**看顧好這孩子**。

那時是冬天，但每天都覺得好漫長。我徹夜未眠，白月透過你的窗戶投下冰冷光芒。好希望現在是春天，這樣就能帶你去看看花園。堇紫色的風信子已準備從土裡探頭。

每回餵你的時候，你會發出咕噥聲，飢餓地在我的乳房上含乳。你不擔心我選的房間，或者花園裡的植物。我沒告訴你，現在我什麼都能擔心。在夜裡，我擔心你的呼吸，擔心我是否給足你所需要的安全感。我擔心在英國要怎麼打造一個家——在這拒絕承認自身歷史中的暴力的國度，我該怎麼教你愛。我不知道如何擺脫恐懼，不知道在我父親刻意出走的地方要怎麼養育你。即使如此，我還是希望你知道什麼是美。

我太憂心了，於是，我告訴醫師自己有多擔心——我的擔憂已超出身體的負荷。他只告訴我，我似乎是很愛你，所以沒什麼好操心。

春天時，我們數了數花園中出現的球莖。你和狗兒一同坐在遊戲墊上，而我指著每一個新的東西，唸出每一種植物的名稱：薰衣草、迷迭香（rosemary）、紫丁香、帚石南。我們頭頂上的山楂葉襯著淡藍色的天空。你看著這棵樹帶來的光影遊戲，每回嘟起嘴唇吐氣時，便發出咕咕聲。這樣的時刻，世界感覺太明亮、太柔軟。就像瘀傷。

我怎會知道，變化即將降臨。

夏至過了，我在牆上掛的圖表上記錄你的成長。我整理育嬰室。你會用四肢伏在地上撐起身子的那週，有一條訊息傳來：我們要失去這個家了。

房租漲了，房東已安排讓更有錢的新房客到這裡生活。房東說，**做這個決定很困難**，好像失去家園的是他們一樣。不過，沒有商量的餘地。他們只想要某個數字的金額，一個我們負擔不起的數字。我們有八個星期的時間可以搬到別地方去。

我不想告訴你，世界上就是有壞人。一定有人會跟你說，房東也得過日子、付帳單。但如果養孩子就是要教他們如何處世，那麼我會說：**不要變得像這樣**。

不得不承認，我們的生活有多麼不穩定。我們努力幫你打造一個家，但這個家不是我們的。我渾身羞愧發燙。我不想承認，我們這麼容易就會被連根拔起。我很氣容許這種事發生的體制，也氣我自己。我沒料到自己會感受到這股憤怒，或感受到恐懼。我從來沒有這麼強烈的感覺，比之前一直懷著的憂慮還要強烈。我現在需要幫你找個家——那比我對美的需求還更為刻骨銘心。

我沒辦法告訴你，在孤寂的世界上，美到底在那裡。政府只說，這是「個人責任」。

夏天太熱了，一直不見雨水降臨。公地的草變成麥稈那種棕色，灰塵沿著步道聚集。七月，英格蘭南部有片石南荒原燒了起來。荒原的火勢瀰漫整個東倫敦的公園。我抱著你，感覺到熱。我所有的擔憂都擠在胸口。我們要找個新家，卻遍尋不著。我知道我們沒有多少時間再耗下去了。

每一夜，你會在黑暗中尋找我的乳房。尋乳含乳、尋乳含乳的節奏，是本體感覺的學習。你正在建立肌肉記憶，就像我已記住這間房子電燈開關的位置一樣，我還知道哪裡的地板踩下去會發出過大的嘎吱響。我讀到分離焦慮，得知你還不懂得你我之間的差異。你的地景就是我的身體。你的世界就是從這裡開始延伸出去。

我沒在打包時，會帶著你和狗兒沿著河邊散步，到市區辦點事。有這麼多事情要安排，有這麼多事情還沒塵埃落定，我的胃感覺不舒服。醫生說，我的擔憂是酸性的，吃個藥片即可舒緩。為了讓自己穩定下來，我盤點了我們散步時看到的紫色東西，在手機的Notes應用程式裡列出來。我把每一項唸出聲給你聽，雖然我知道，你才剛會咿咿呀呀學語而已。我每天找出幾種，過程中，我看見夏日來到極盛時期，溫度愈來愈高，幾乎沒有降溫趨勢。薰衣草、漢葒魚腥草（herb Robert）、鼠尾草（salvia）。我拉著你的手，讓你摸摸每一種植物。

沿著後巷，薊草（thistle）綻放後結出種子。西洋蓍草（yarrow）的顏色從淺淺的乳黃色變成淡紫。到了八月底，接骨木果（elderberry）在枝頭飽滿發亮。紫色木槿花（hibiscus）從克萊倫登街的磚牆探出頭，紫藤花依然在果園街的煙囪頂上怒放。我們前門的紫藤已經不再開花。

在這個城市，由於找不到付擔得起、又願意接受我們一家入住的房子，於是我們決定搬回德國。真慶幸能搬回去。你父親的工作讓這件事有可行性。我得放下我的工作，一個我很想繼續做的工作；但比起找不到家的問題，放下工作算不上什麼。

最後幾天，我拿下奶奶的畫，以紙張包好。你從屋子這一頭爬到那一頭，聲調拉到最高。我把香草和番茄裝進容器打包好，薰衣草能採多少就採多少。這些會交給倫敦的妮娜，好讓它們繼續在花園生長。植物從車子行李箱滿溢到後座，那些我們剛連根拔起的生命，讓車上充滿葉綠素的氣味。我沒帶上帚石南；它沒撐過炎炎夏日。

開車回程途中，你哭個不停。我沒辦法安撫你。其實也沒什麼大不了，你就是討厭汽車座椅而已。我看著天空，告訴你我看見了什麼。公路前方是紫色的晚霞。月亮正是凸月，而從乘客座位旁的車窗與側後視鏡看，月亮變成雙臂。我看向路邊，柳葉菜（rosebay willowherb）顏色正鮮豔。我們以車行的速度前進，紫色閃現又畫過車窗外的風景。

**錦葵紫（Malvenfarbe〔德文〕）名詞或形容詞**　一個星期之後，我們來到德國北部，位於下薩克森的東北邊。這裡有一片石南荒原，面積超過一千平方公里，比英格蘭南部的達特穆爾要大些。在漢堡與漢諾瓦之間畫一條線，你就會找到這裡了：呂訥堡石南草原（Lüneburger Heide）。

我們在施內沃丁根（Schneverdingen）下火車時還是早上，日光從天空直射，地景交映著白亮的陽光。我抱著你，背著背包，盼能找到帚石南。

我們走進平坦遼闊的沙地，一邊是停車場，另一邊是露天礦場。地平線盡頭是低矮的樹海——松樹、樺樹與橡木——從一片彩色浪潮中凸出。我無法只用一個語詞來形容。整片土地上長了茂密的帚石南，陽光捕捉到帚石南的各種色調：紅褐、粉紅、紫色、白色。輕輕一動，眼前的色調又會改變，於是我得定睛再細看一眼。

從兩天前抵達德國以來，我就一直重複這段話：**現在，這就是我**

**們家了**。這是你抵達新國度的最初幾天。雖然呂訥堡石南草原是我嚮往多時的地方，卻從沒去過。這裡以帚石南聞名，還有刻度盤說明現在園區有多少帚石南，也以溫度計來表示顏色與花況。在搬家車抵達、我們去註冊登記之前，今天剛好有個空檔。所以，我們來了，就來看看這裡，探索這個地方能否具備我期盼的美。

這是中歐最大的石南荒原區。我們來到奧斯特賴德（Osterheide），這片荒原延伸於整個平坦的東部。放眼西邊盡是山丘，但在這裡，平坦的大地往遠方延伸了幾公里。

我不會誤以為這個地方有中立之美。在二次大戰後到一九九〇年代，這裡是附近英國與加拿大部隊駐軍的訓練場，這塊地是納粹從當地人那裡奪走的，更早之前的一段時間也是戰後難民營所在處。一九五九年，呂訥堡石南草原有些區塊（「紅區」）被劃給我所屬的幾個國家的軍隊使用。如果不稱之為帝國行為，那又該怎麼稱呼呢？

在地方歷史書的黑白影印本上，有這塊土地當年的照片：坦克車不停進進出出，造成路面都是坑疤，完全不見植被縱影。軍隊一離開後，這個地方的石南荒原棲地才好不容易恢復。

我們在上頭行走時，我的腳深陷沙中。這條路是為了供馬車通過才拓寬的。來到這片紫色土地的中央某處，地面變得緊實，我覺得腳下有一條比較穩固的路徑。乾燥的夏季讓帚石南乾枯細瘦，雖然在陽光下看起來有火焰般的橘紅色，但什麼都覆蓋著一層薄薄的沙。這塊地上只有稀少的證據，能說明以前是什麼樣子：偶爾出現的木頭或金屬殘骸、資訊告示牌——除此之外，沒有其他線索。我無法完整想像出曾有許多坦克車聚集於此的樣貌。那時，英國軍隊曾在這一帶讓女王閱兵。我站在這重新野化的地方，心裡知道記憶是容易溜走的東西。

我們從中央路徑穿過石南荒原。你在嬰兒車上歷經漫長旅程，煩躁不耐，扭動著身體，像穿過遼闊荒野的烏鴉那樣叫著。為了回應你，我也跟著像烏鴉那樣叫，因為我很高興能聽到你運用自己的聲音。秋天的氣息透入了夏日，陽光在涼涼的空氣中照耀我們的皮膚。這裡幾乎沒有樹蔭——在荒原最外圍的邊緣是有松樹與落葉松，但在這遼闊的空間，我只看見瘦瘦的白樺樹可遮蔭。那附近有長椅，我將就坐在上面餵了一下母乳，只聽見你吃奶的節奏，還有食蚜蠅與蜜蜂盤旋，在植物間穿梭。後來，我讓你在我的腳邊爬，而你的小手立刻撲向沙子的邊緣。

在這裡生長的不只有帚石南。你低伏在地時，我正好看看其他植物：艾菊（tansy）有鈕扣大小的黃色花朵，就像雛菊奶油色的中心；貫葉金絲桃（St. John's wort，譯註：又名貫葉連翹或直譯為聖約翰草）在炎熱的夏季變得乾乾皺皺；還有少數情況下，可以看到錦葵紫的名稱由來：麝香錦葵（musk mallow）。我只數到幾朵，由五片細膩的花瓣構成鐘狀花朵。和周圍的帚石南相比，麝香錦葵的紫色似乎更細緻，因為帚石南在周圍各種顏色之間顯得有點灰。放眼望去，不僅有錦葵紫，而是有大量的顏色，幾乎有如畫素一般，像奶奶數字油畫上的小區塊。這裡從來就不是只有單一色調。

在石南荒原的北邊，我們順著一條路前往花園。地圖顯示，這座花園專門種植帚石南，也包納這種植物的多樣性。這裡有好幾百種，全都擠在整齊的圓形花圃中。你在我胸前睡著了，所以我可以慢慢來。我沿著步道前進，放慢速度喘口氣。每一種帚石南都有塑膠標示牌，說明它是哪一種。在下方，每一種都有一種顏色，全部都有詳細的描述，說明那種帚石南的確切特性。

在此之前，「Lila」（紫丁香）是德文中我唯一認得代表紫色的字。我今天早上教過你，雖然你還不認識文字，或者文字描述的美。

但在這裡，我發現了更多字：「紫紅」、「堇菜紅」、「堇菜粉紅」、「粉紅紫丁香」。我的嘴巴唸出每種色調的形狀，並把名稱輕輕呼到空氣中：

Violett（堇紫）
Purpurrot（紫紅）
Hellpurpur（亮紫）
Violettrot（堇紫紅）
Violettrosa（紫粉紅）
Lilarosa（丁香粉紅）
Rosalila（粉紅丁香）
Malvenfarbe（錦葵紫）

——Mauve（淡紫）。

# 謝辭

這本書的許多篇章誕生於《彈射》（*Catapult*）雜誌的「非原生物種」（Non-Native Species）專欄。專欄編輯艾莉森・利希登斯坦（Allisen Lichtenstein）深深影響我的思想與寫作，著實感激不盡。如果少了她，這本書不會存在。

大力感謝我的編輯：妮可・溫斯丹利（Nicole Winstanley）、賽門・普羅瑟（Simon Prosser）、桑茉・法拉（Summer Farah）與塔雅・埃森（Taja Isen）。謝謝大衛・戈德溫（David Godwin）與DGA出版經紀公司團隊。你們對這份文集的信念無比珍貴。

謝謝海倫・安・柯利（Helen Anne Curry）、萊恩・奈林（Ryan

Nehring）、泰德・布朗（Tad Brown）、丹妮拉・史克拉沃（Daniela Sclavo）、若昂・若亞金（João Joaquim）、希泰斯・潘特（Hitesh Pant）、艾琳・坎貝爾（Erinn Campbell）、里奧・朱（Leo Chu）、祖莎娜・以亞（Zsuzsanna Ihar）、米利安諾・卡布雷拉・羅查（Emiliano Cabrera Rocha）、西奧・迪・卡斯特里（Theo Di Castri）、珊・查可（Xan Chacko）、凱蒂・道（Katie Dow），以及我在劍橋大學科學史與哲學系期間，直接與間接影響我的想法的人。謝謝劍橋大學進修教育學院（Cambridge ICE）的同事與學生，不吝給予鼓勵與啟發。

謝謝瑞秋・霍普伍（Rachel Hopwood）、艾莉莎・麥肯齊（Alyssa Mackenzie）、珍妮佛・尼爾（Jennifer Neal）與戴森・楊（Dasom Yang）總是無條件為我加油打氣。感謝貝琪・亞倫（Becky Allen）與我在社區園圃共度時光。謝謝扎法爾・庫尼雅爾（Zaffar Kunial）那天在哈沃斯和我同行。給若文・希薩約・布坎南（Rowan

Hisayo Buchanan）與妮娜・明雅・鮑爾斯（Nina Mingya Powles）：謝謝你們的友誼，以及和我一同漫步，還給我植物、陪我聊天、贈予食物。

這本書是在我孕期的最後幾個月，以及女兒出生的第一年完成的。如果沒有先生瑞卡多（Ricardo）的協助，在我最需要的時候給我時間、自由與難以估計的信念，則這本書無法問世。謝謝你。

# 參考書目


## 給讀者的話

「『比喻向來是雙重束縛』」：Andreas Hejnol, "Ladders, Trees, Complexity, and Other Metaphors in Evolutionary Thinking," in *Arts of Living on a Damaged Planet: Ghosts*, eds. Anna Tsing, Heather Swanson, Elaine Gan, and Nils Bubandt, G87–G102 (Minneapolis: University of Minnesota Press, 2017), G87.

## 1／邊界

「早期研究指出」：Michael L. Moody, Nayell Palomino, Philip S. R. Weyl, Julie A. Coetzee, Raymond M. Newman, Nathan E. Harms, Xing Liu, and Ryan A. Thum, "Unraveling the biogeographic origins of the Eurasian watermilfoil (Myriophyllum spicatum) invasion in North America," *American Journal of Botany* 103, no. 4 (2016): 709–18.

「最早重回這座湖泊定殖」：Sabine Hilt, Jan Köhler, Rita Adrian, Michael T. Monaghan, and Carl D. Sayer, "Clear, crashing, turbid and back—long-term changes in macrophyte assemblages in a shallow lake," *Freshwater Biology* 58, no. 10 (2013): 2027–36.

「可稱為龍鬚草家鄉的國家」：POWO, "Stuckenia pectinata (L.) Börner," in *Plants of the World Online, facilitated by the Royal Botanic Gardens at Kew*, retrieved November 21, 2022. powo.science.kew.org/taxon/urn:lsid:ipni.org:names:77099639-1.

「控制植物跨境移動的措施已廣為執行」：Christina Devorshak, *Plant Pest Risk Analysis: Concepts and Applications* (Wallingford: CABI, 2022), 22.

「二〇一八年，有一項研究」：Céline Albert, Gloria M. Luque, Franck Courchamp, "The twenty most charismatic species," *PLoS ONE* 13 no. 7 (2018): e0199149.

「市府提議把一處淡水溝渠」："Jesus Ditch biodiversity enhancements consultation," *Cambridge City Council*, September 7, 2021. www.cambridge.gov.uk/consultations/jesus-ditch-biodiversity-enhancements-consultation

「濱岸帶的物種」：C. D. Preston, "The aquatic plants of the River Cam and its riparian commons, Cambridge, 1660–1999," *Nature in Cambridgeshire* 50 (2008): 18–37.

## 2／邊界之樹

**「共捐贈一萬棵櫻花樹」**："Kirschbluten in Berlin," Berlin.de, updated April 19, 2022, www.berlin.de/ tourismus/insidertipps/5263242-2339440-kirschblueten-in-ber- lin.html.

**「結出食用果實的歐洲栽培種」與「耐寒的北美木材櫻樹」**：Gayle Brandow Samuels, *Enduring Roots: Encounters with Trees, History, and the American Landscape* (New Brunswick, NJ: 2005), 69–70.

**「里櫻」**：Roland M. Jefferson and Kay Kazue Wain, "The Nomenclature of Cultivated Japanese Flowering Cherries (Prunus): The Sato-zakura Group," *National Arboretum Contribution* 5 (1984), 3.

**「『我認識的耐寒植物中，這是最具觀賞性的其中一種。』」**：John Lindley, "Report Upon New or Rare Plants, etc.," *Transactions of the Horticultural Society of London* (1830): 239.

**「宛如雪花片片」**：Robert Fortune, *Yedo and Peking: A Narrative of a Journey to the Capitals of Japan and China* (London: John Murray, 1863), 83–84.

**「重述一九〇七年造訪日本時」**：Marie C. Stopes, A *Journal from Japan: A Daily Record of Life as Seen by a Scientist* (London: Blackie and Son, 1910), 131, 134.

**「說櫻花樹『無比美麗』」**：Collingwood Ingram, Ornamental Cherries (London: Country Life Limited, 1948), 13, 21; Naoko Abe, *Cherry Ingram: The Englishman Who Saved Japan's Blossoms* (London: Vintage, 2019).

**「一八九三年，一本寫給日本年輕植物學家的手冊」**：Kōtarō Saida and Akiomi Tokahashi, *An Elementary Text-book of Botany, for the Use of Japanese Students* (Tokyo: 1893), 2.

**「花之王／花之后」**：Emiko Ohnuki-Tierney, *Kamikaze, Cherry Blossoms, and Nationalisms: The Militarization of Aesthetics in Japanese History* (Chicago: Chicago University Press, 2002), 10.（簡體中文版《神風特攻隊、櫻花與民族主義：日本歷史上美學的軍國主義化》由商務印書館出版。）

**「『日本軍國主義最重要的比喻』」**: Ohnuki- Tierney, 3.

**「西周明確把櫻花定位為與牡丹和木槿相對立」**：Ohnuki-Tierney, 107.

**「環境史學家克羅斯比曾提出知名的主張」**：Alfred W. Crosby, *Ecological Imperialism: The Biological Expansion of Europe, 900–1900* (Cambridge: Cambridge University Press, 2004 [1986]).（簡體中文版《生態帝國主義：歐洲的生物擴張, 900-1900》由商務印書館出版。）

**「英屬東印度公司的植物園」**：Ramesh Kannan, Charlie M. Shackleton, and

R. Uma Shaanker, "Reconstructing the history of introduction and spread of the invasive species, Lantana, at three spatial scales in India," *Biological Invasions* 15, no. 3 (2013): 1287–1302.

**「羅瑞・薩伏依曾在她思慮縝密的回憶錄」**：Lauret Savoy, *Trace: Memory, History, Race, and the American Landscape* (Berkeley: Counterpoint Press, 2015), 86.

**「日本科學家就已開始整理櫻花祭的資料」**：Richard Primack and Hiroyoshi Higuchi, "Climate Change and Cherry Tree Blossom Festivals in Japan," *Arnoldia* 65, no. 1 (2007): 14–22.

**「關於日本櫻花祭的敘述，也比開花樹木的常見資料集要久遠得多」**：Richard Primack, Hiroyoshi Higuchi, and Abraham J. Miller-Rushing, "The Impact of Climate Change on Cherry Trees and Other Species in Japan," *Biological Conservation* 142, no. 9 (2009): 1943–49.

**「櫻花樹開始持一直都比過去一千兩百年還要提早開花」**：Brittany Patterson, "Cherry Blossoms May Bloom Earlier Than Ever This Year," *Scientific American*, March 2, 2017. www.scientificamerican.com/article/cherry-blossoms-may-bloom-earlier-than-ever-this-year/.

## 3／邊境

**「地下室是非理性的夢想空間」**：Gaston Bachelard, *The Poetics of Space*, trans. Maria Jolas (Bos- ton: Beacon Press, 1994) 18.（繁體中文版《空間詩學》由張老師文化出版。）

**「造訪爪哇，了解植物以及其病理學」**：Daniel Stone, *The Food Explorer: The True Adventures of the Globe-Trotting Botanist Who Transformed What America Eats* (New York: Dutton, 2018), 20.（簡體中文版《食物探險者：跑遍全球的植物學家如何改變美國人的飲食》由廣西師範大學出版社出版。）

**「『但我人已在那邊冒險了』」**：David Fairchild, *The World Was My Garden*, 47.

**「他請求農業部允許他擔任『特派員』」**：David Fairchild, *The World Was My Garden,* 117.

**「光線明亮的實驗室，可方便顯微鏡工作」**：David Fairchild, "Two Expeditions after Living Plants," *The Scientific Monthly* 26, no. 2 (1928): 98–99.

**「弗德烈克・威爾遜・波佩諾」**：Allan Stoner. "19th and 20th Century Plant Hunters," *Horticultural Science* 42, no. 2 (2007): 197–99.

**「美國農業部的成立宗旨之一」**：The Organic Act of 1862, Ch. 72, § 1, 12

Stat. 387 (May 15, 1862).

「對於在美國國土各種生態中的栽種與拓殖很重要」：Tiago Saraiva, "Cloning as Orientalism: Reproducing Citrus in Mandatory Palestine," in *Nature Remade: Engineering Life, Envisioning Worlds*, ed. Luis A. Campos, Michael R. Dietrich, Tiago Saraiva, and Christian C. Young (Chicago: University of Chicago Press, 2021), 45.

「植物『移民』」：USDA Foreign Seed and Plant Introduction, "Plant Immigrants," no. 153 (January 1919), National Agricultural Library Digital Collections.

「字幕是由費爾柴德親自撰寫」：USDA Bureau of Plant Industry, "Agricultural Explorations in Ceylon, Sumatra and Java," 1925–26, Film, Special Collections of the USDA National Agricultural Library, captions from 00:24 and12:55. "the captions speak of wayfaring, enterprising voyagers": USDA Bureau of Plant Industry, "Naturalized Plant Immigrants," 1929, Film, Special Collections of the USDA National Agricultural Library, caption from 00:30.

「有一回，他拜託人讓他在那不勒斯外的山間當僧侶」David Fairchild, *The World Was My Garden* (New York: Charles Scriber's Sons, 1938), 40.

「金雅妹的訃聞」：Mike Ives, "Overlooked No More: Yamei Kin, the Chinese Doctor Who Introduced Tofu to the West," *The New York Times,* October 17, 2018.

「《紐約時報雜誌》以全版跨頁專門報導她執行的任務」："Woman Off to China as Government Agent to Study Soy Bean; Dr. Kin Will Make Report for United States on the Most Useful Food of Her Native Land," *The New York Times Magazine*, June 10, 1917, Section T, 65.

「專業上廣受讚譽的女子」：William Shurtleff and Akiko Aoyagi, "Biography of Yamei Kin M.D. (1864–1934), (Also known as Jin Yunmei), the First Chinese Woman to Take a Medical Degree in the United States (1864- 2016): Extensively Annotated Bio-Bibliography, 2nd ed. with McCartee Family Genealogy and Knight Family Genealogy" (Lafayette, CA: Soyinfo Center, 2016).

「東方」：Edward W. Said, *Orientalism* (London: Rout- ledge, 1980 [1978]).（繁體中文版《東方主義》由立緒出版。）

「可歸功於他引進的植物」：Karen Williams and Gayle M. Volk, "The USDA Plant Introduction Program," in Crop Wild Relatives in Genebanks, eds. Gayle M. Volk and Patrick F. Byrne (Fort Collins, Colorado: Colorado State University, 2020). ebook available at colostate.pressbooks.pub/cropwildrelatives/chapter/usda-plant-introduction-program/.

「邱園的研究人員會訓練實地人員」：Xan Sarah Chacko, "Creative Practices of Care: The Subjectivity, Agency, and Affective Labor of Preparing Seeds for Long-term Banking," *Culture, Agriculture, Food, and Environment* 41, no. 2 (2019): 100.

「蒐集到的植物標本資料，歸還」：See "Repatriation of plant specimens data from the Botanical Garden of New York Herbarium," www.conabio.gob.mx/remib_ingles/doctos/jbny. html.

「數位資料歸還給巴西檔案庫」：See "The Reflora Virtual Herbarium," reflora.jbrj.gov. br/reflora/herbarioVirtual/.

「把標本歸還給原生社群」：restoring species to the Indigenous communities": See "Native Seeds/SEARCH," www.nativeseeds.org.

## 4／甜蜜蜜

「但他可能沒親眼看過芒果樹」：André Joseph Guillaume Henri Kostermans, Jean-Marie Bompard, International Board for Plant Genetic Resources, and Linnean Society of London, *The Mangoes Their Botany, Nomenclature, Horticulture and Utilization* (London: Academic, 1993), 21.

「近年基因分析指出」：Emily J. Warschefsky and Eric J. B. von Wettberg, "Population genomic analysis of mango (Mangifera indica) suggests a complex history of domestication," *New Phytologist* 222, no. 4 (2019): 2023–37.

「芒果的故事所訴說的」：S. K. Mukherjee, "Origin of Mango (Mangifera indica)," Economic Botany 26, no. 3 (1972): 260–64.

「佛州芒果在歐洲與北美的超市稱霸」："The European market potential for mangoes," Updated December 21, 2021. www.cbi.eu/market-information/fresh-fruit-vegetables/mangoes/ market-potential.

「愛德華・摩根・佛斯特一九二四年的小說」：E. M. Forster, *A Passage to India* (London: Penguin, 1952 (1924)), 72, 117.（繁體中文版《印度之旅》由聯經出版。）

「一九六四年，V.S.奈波爾的散文」：V. S. Naipaul, "Jasmine: Words to Play With," *Times Literary Supplement,* June 4, 1964. Edited version available online www.the-tls.co.uk/articles/words-to-play-with/.

「阿蘭達蒂・洛伊一九九七年的小說《微物之神》在開頭幾行」：Arundhati Roy, *The God of Small Things* (London: 4th Estate, 2017 (1997)) 1; Rana Dasgupta, "A New Bend in the River," T*he National, February* 25, 2010. www.thenationalnews.com/arts-culture/a-new-bend-in-the-river-1.541963.

「作家吉特・塔伊」：Jeet Thayil, "'Narcopolis': Inside India's Dark Underbelly," NPR. April 8, 2012. www.npr. org/2012/04/08/150003126/

wesun-narcopolis-shell.

**「加州牧場主人的瑞典裔美國籍女兒」**：Saskia Vogel, “The Mango King,” *Catapult*, November 18, 2015. catapult.co/stories/the-mango-king.

**「禁令導致那一年的阿芳素芒果銷售額大砍一半」**：BBC, “UK ‘working to end’ ban on Indian mango imports,” *BBC News*, April 28, 2014. www.bbc.co.uk/news/uk-politics-27185683.

**「二〇一六年，黛安・雅各在〈芒果的意義〉這篇文章」**：Dianne Jacob, “The Meaning of Mangoes,” *Lucky Peach* 2016. Archived web.archive.org/web/20170702004942/http://luckypeach.com/the-meaning-of-mangoes/.

**「日裔美國漫畫家珊・納卡希拉寫道」**：Sam Nakahira. “My Grandparent’s Hawaiian Mangoes,” *Asian American Writers Workshop: The Margins*. December 6, 2019. aaww.org/hawaiian-mangoes-sam-nakahira/.

**「在〈水之果〉這篇文章」**：K-Ming Chang, “Consequences of Water,” *Asian American Writers Workshop: The Margins*. December 9, 2019. aaww.org/consequences-of- water/.

## 5／海潮

**「花時間將藻類編目分類」**：Anne B. Shteir, *Cultivating Women, Cultivating Science: Flora’s Daughters and Botany in England, 1760–1860* (Baltimore: Johns Hopkins University Press, 1996).

**「安娜・阿特金斯是在當時的科學家族長大」**：Anne B. Shteir, *Cultivating Women, Cultivating Science*, 177.（簡體中文版《花神的女兒：英國植物學文化中的科學與性別》由四川人民出版社出版。）

**「她的著作因此環繞著海藻」**：Isabella Gifford, *The Marine Botanist: An Introduction to the Study of Algology* (London: Darton and Co., 1848).

**「她在這個圈子不可或缺」**：“Isabella Gifford,” *Journal of Botany 30* (1892), 81.

**「拐杖對女性海藻獵人來說是很理想的工具」**：Margaret Scott Gatty, *British Sea-Weeds*, Volume I (London: Bell and Daddy, 1872), ix.

**「德魯－貝克的研究」**：Kathleen M. Drew, “Conchocelis-Phase in the Life-History of Porphyra umbilicalis (L.) Kütz,” *Nature* 164 (1949): 748–49.

**「科學家改以遙測技術」**：Juliet Brodie, Lauren V. Ash, Ian Tittley, and Chris Yesson, “A comparison of multispectral aerial and satellite imagery for mapping intertidal seaweed communities,” *Aquatic Conservation: Marine and Freshwater Ecosystems* 28, no. 4 (2018): 872–81.

**「根據美國國家環保局在部落格發布的文章」**：EPA, “Japanese Tsunami Debris and Potential Invasions in Western North America,” *Perspectives,* June

29, 2012. www.epa.gov/perspectives/2012/06/29/japanese-tsunami-debris-and-potential-invasions-in-western-north-america/ Blogpost no longer available.

「浮動碼頭被『截斷』」：Richard Read, "Huge dock washed ashore on Oregon coast is debris from Japan's tsunami," *Oregon Live,* June 6, 2012. www.oregonlive.com/pacific-north-west-news/2012/06/huge_dock_washed_ashore_on_ore.html.

「橫渡五千哩的物種清單」：Gayle I. Hansen, Takeaki Hanyuda, and Hiroshi Kawai, "Invasion threat of benthic marine algae arriving on Japanese tsunami marine debris in Oregon and Washington, USA," *Phycologia* 57, no. 6 (2018), 641–58.

「這些物種的拼貼圖」："Marine organisms found on Agate Beach, OR floating dock," Biota on Japanese Tsunami Marine Debris, Oregon State University Blogs, July 30, 2012. blogs.oregonstate.edu/floatingdock/2012/07/30/marine-organisms-found-on-floating-dock/.

「我讀到肉球近方蟹」：Bob Ward, "Oregon authorities to demolish Japanese tsunami dock," *The Guardian*, July 30, 2012. www.theguardian.com/environment/2012/jul/30/ japan-tsunami-dock-wildlife.

「這個物種該歸入世界上最嚴重的入侵種」：Hansen, Hanyuda, and Kawai, "Invasion threat of benthic marine algae arriving on Japanese tsunami marine debris in Oregon and Washington, USA," 641.

「裙帶菜如今是擁有『全球非原生分布範圍』的物種」：Graham Epstein and Dan A. Smale, "Undaria pinnatifida: A case study to highlight challenges in marine invasion ecology and management," *Ecology and Evolution* 7, no. 20 (2017): 8624.

「巨藻林正在消失」：Alastair Bland, "As Oceans Warm, the World's Kelp Forests Begin to Disappear," *Yale Environment 360*, November 20, 2017. e360.yale.edu/features/as-oceans-warm-the-worlds-giant-kelp-forests-begin-to- disappear.

「百年歷史的海藻樣本，萃取過往海洋環境的資料」：Laura Trethewey, "What Victorian-era seaweed pressings reveal about our changing seas," *The Guardian*, October 27, 2020. www. theguardian.com/environment/2020/oct/27/what-victorian-era-seaweed-pressings-reveal-about-our-changing-seas.

「進入了智利南部的人類家庭飲食中」：Tom D. Dillehay, C. Ramírez M. Pino, M. B. Collins, J. Rossen, and J. D. Pino-Navarro, "Monte Verde: Seaweed, Food, Medicine, and the Peopling of South America," *Science* 320, no. 5877 (2008): 784–86.

「左思寫過人們大量種植與食用紫菜」：Li-En Yang, Qin-Qin Lu, and Juliet

Brodie. "A review of the bladed Bangiales (Rhodophyta) in China: history, culture and taxonomy," E*uropean Journal of Phycology* 52, no. 3 (2017): 251–63.

**「記者稱海藻為」**：Adrienne Murray, "Seaweed: The food and fuel of the future?," *BBC News*, August 27, 2020. www.bbc.co.uk/news/business-53610683

**「未來的食物與燃料」**：Maya Glicksman and Olivia Hemond, "Taking Carbon Farming Out to Sea," *Carbon180*, August 10, 2020. carbon180.medium.com/taking-carbon-farming-out-to-sea-60a7f7626fa5.

**「藻類的蛋白質透過基因技術」**：Fiona Harvey, "Gene manipulation using algae could grow more crops with less water," *The Guardian*, August 10, 2020. www. theguardian.com/environment/2020/aug/10/gene-manipulation-using-algae-could-grow-more-crops-with-less-water.

**「在新加坡，有企業家打造藻類垂直農場」**：Rob Fletcher, "High-five: developing 'the world's first vertical aquaculture farm,'" The Fish Site, November 24, 2020. the-fishsite.com/articles/high-five-developing-the-worlds-first-vertical-aquaculture-farm.

**「『可觀的氣候變遷』解決方案」**：United Nations Environment Programme. *Seaweed Farming: Assessment on the Potential of Sustainable Upscaling for Climate, Communities and the Planet* (Nairobi: UNEP, 2023).

**「關於海藻養殖的話語」**：Maggie Rulli, "How an underwater solution in the Faroe Islands could com- bat climate change," ABC News, November 4, 2021. youtu.be/ Z02rQiV3PFk.

**「漁民會發揮企圖心」**：Bren Smith, "The Seas Will Save Us: How an Army of Ocean Farmers are Starting an Economic Revolution," *Medium*, March 25, 2016. medium.com/invironment/an-army-of-ocean-farmers-on-the-frontlines-of-the-blue-green-economic-revolution-d5ae171285a3.

**「最成功的入侵種」**：John J. Milledge, Birthe V. Nielsen, and David Bailey, "High-value products from macroalgae: the potential uses of the invasive brown seaweed*, Sargassum muticum,*" *Reviews in Environmental Science and Bio/technology* 15 (2016): 67–88.

## 6／茶的用字

**「據信茶樹的發源地」**：George L. van Driem, *The Tale of Tea: A Comprehensive History of Tea from Prehistoric Times to the Present Day* (Leiden: Brill, 2019), 1, 7.（簡體中文版《茶：一片樹葉的傳說與歷史》由社會科學文獻出版社出版。）

**「觀賞用的山茶花卻有很長的歷史會被和茶樹混淆」**：Nicholas K. Menzies,

"Representations of the Camellia in China and During Its Early Career in the West," *Curtis's Botanical Magazine* 34, no. 4 (2017): 458. www.jstor.org/stable/48505843.

**「由於中國需要英屬東印度公司出口的鴉片，這項需求讓英國人能取得茶」**：van Driem, 603.

**「英國仰賴鴉片貿易」**：Lucile Brockway, *Science and Colonial Expansion: the Role of the British Royal Botanic Gardens* (New York: Academic Press, 1979).

**「一八三九年……英國捲入了第一次鴉片戰爭」**：G. G. Sigmond, *Tea: Its Effects, Medicinal and Moral* (London: Longman, Orme, Brown, Green, & Longmans, 1839), 2.

**「大部分是透過契約勞工的勞動」**：Justin Rowlatt, "The Dark History Behind India and the UK's Favourite Drink," *BBC News*, July 15, 2016. www.bbc.co.uk/news/world-asia-india-36781368.

**「福鈞把自己喬裝起來」**：Robert Fortune, *A Journey to the Tea Countries of China* (Cambridge: Cambridge University Press, 2012 [1852]), 22–25.

**「『別信任中國人的誠信度』」**：Fortune, *A Journey to the Tea Countries of China*, 21.

**「在莎拉．羅斯所撰寫的歷史普及著作中」**：Sarah Rose, *For All the Tea in China: How England Stole the World's Favourite Drink and Changed History* (New York: Penguin, 2011).（繁體中文版《植物獵人的茶盜之旅》由麥田出版。）

**「在一篇福鈞的傳記中」**：Alistair Watt and D. J. Mabberley, *Robert Fortune: A Plant Hunter in the Orient* (Richmond: Kew, 2017), xix.

**「歷史學家露希爾．布羅克威的話」**：Lucile Brockway, *Science and Colonial Expansion: The Role of the British Royal Botanic Gardens* (New Haven: Yale UP, 2002), 28. **亦參見**：Francesca Bray, Barbara Hahn, John Bosco Lourdusamy, and Tiago Saraiva, "Cropscapes and History: Reflections on Rootedness and Mobility," *Transfers: Interdisciplinary Journal of Mobility Studies* 9, no. 1 (2019): 22.

**「想想看美國歷史，茶代表了反叛」**：Erling Hoh and Victor H. Mair, *The True History of Tea* (New York: Thames and Hudson, 2009).（簡體中文版《茶的真實歷史》由北京三聯出版。）

**「在十六世紀，日本茶道」**：Cathy Kaufmann, "A Simple Bowl of Tea: Power Politics and Aesthetics in Hideyoshi's Japan, 1582–1591," *Dublin Gastronomy Symposium* (2018).

**「在一九二〇年代，伊朗的茶」**：Helen Saberi, *Tea: A Global History*

(London: Reaktion, 2010), 72.

**「會違反地方生態的永續性」**：Annesha Chowd- hury, Abhishek Samrat, M. Soubadra Devy, "Can tea support biodiversity with a few 'nudges' in management: Evidence from tea growing landscapes around the world," *Global Ecology and Conservation* 31 (2021). doi.org/10.1016/j.gecco.2021.e01801.

**「其他山茶屬也面臨棲地流失」**：van Driem, 18.

**「茶園的勞動向來危險」**：William McLennan, "Environmental damage and human rights abuses blight global tea sector," *The Ecologist,* April 13, 2011; Jill Didur, "Reimagining the Plantation (ocene): Mulk Raj Anand's Two Leaves and a Bud," Postcolonial Studies (2021).

**「常有人說」**：Nikhil Sonnad, "Tea If By Sea, Cha If By Land: Why the World Only Has Two Words for Tea," *Quartz*, January 11, 2018. qz.com/1176962/map-how-the-word- tea-spread-over-land-and-sea-to-conquer-the-world/.

**「近期關於茶最完整的歷史」**：參見van Driem, *The Tale of Tea.*

## 7／擴散

**「『英國最危險的植物』」**：Charlie Duffield and Lowenna Waters, "What is giant hogweed? How to identify and get rid of Britain's 'most dangerous plant,'" *Evening Standard*, August 12, 2022.

**「為了觀賞用途引進歐洲」**："Heracleum mantegazzianum (giant hogweed)," *Invasive Species Compendium*, CABI, September 30, 2007 [updated April 30, 2014]. www.cabi.org/isc/datasheet/26911.

**「在我深愛的植物書籍上」**：Richard Mabey, *Weeds* (London: Profile Books, 2010), 1.

**「太陽在蒲公英國度從不落下」**：Alfred Crosby, *Ecological Imperialism* (Cambridge: Cambridge University Press, 1986), 7.（簡體中文版《生態帝國主義：歐洲的生物擴張, 900-1900》由商務印書館出版。）

**「『長錯地方的植物』」**：Richard Mabey, *Weeds* (London: Profile Books, 2010), 5.

**「為『髒污』下的簡潔定義」**：Mary Douglas, *Purity and Danger* (London: Routledge, 2001 [1966]), 36.（簡體中文版《潔淨與危險：對阮和禁忌觀念的分析》由商務印書館出版。）

**「『分類系統的存在本身……』」**：Harriet Ritvo, "At the Edge of the Garden: Nature and Domestication in Eighteenth-and Nineteenth-Century Britain," *Huntington Library Quarterly* 55, no. 3 (1992): 363.

**「它需要寒冷的冬天，因此要往北移動」**：Quadri A. Anibaba, Marcin K.

Dyderski, and Andrzej M. Jagodzi ski, "Predicted range shifts of invasive giant hogweed (Heracleum mantegazzianum) in Europe," *Science of the Total Environment* 825 (2022), 154053.

**「華生說英國的植物可能是原生的、常住的、殖民的、外來的，或是未知」**：他也為愛爾蘭與海峽群島提出標籤，但是書中沒有包含這個部分。Hewett Cottrell Watson, *Cybele Britannica: or British Plants and their geographical relations* (London: Longman and Co., 1847), 63–64.

**「排列是科學的第一要務」**：Hewett Cottrell Watson, *Cybele Britannica,* 20.

**「分類包括栽培、不定根、新進歸化、舊有歸化、以及原始或本土」**：Alphonse de Candolle, *Géographie botanique raisonnée; ou, Exposition des faits principaux et des lois concernant la distribution géographique des plantes de l'époque actuelle* (Paris: V Masson, 1855), 611.

**「『不可避免』被歸類為本土物種」**：Matthew K. Chew and Andrew L. Hamilton, "The Rise and Fall of Biotic Nativeness: A Historical Perspective," in *Fifty Years of Invasion Ecology: The Legacy of Charles Elton*, ed. David M. Richardson, 35–48 (Ox- ford: Blackwell, 2011), 39–40.

**「他稱為華萊士領域的『崩解』」**：Charles Elton, *The Ecology of Invasions by Animals and Plants*, 2nd Edition (Oxford: Springer, 2020), 38.

**「『在自然中促成猛烈的易位』」**：Charles Elton, *The Ecology of Invasions by Animals and Plants*, 10.

**「有太深的戰爭痕跡」**：Charles Elton, *The Ecology of Invasions by Animals and Plants*, x.

**「一九九二年《生物多樣性公約》」**：The Convention on Biological Diversity of June 5, 1992 (1760 U.N.T.S. 69), Article 8(h); Benji Jones, "Why the US won't join the single most important treaty to protect nature," *Vox*, May 20, 2021, www.vox.com/22434172/us-cbd-treaty-biological-diversity-nature-conservation.

**「讓植物本身變得模糊」**："The Aliens Have Landed! Reflections on the Rhetoric of Biological Invasions," *Meridians* 2, no. 1 (2001): 28; Banu Subramaniam, "Spectacles of Belonging: (Un) documenting Citizenship in a Multispecies World," in *The Ethics and Rhetoric of Invasion Ecology*, eds. James Stanescu and Kevin Cummings, 87–102 (Lanham: Lexington Books, 2016).

**「納粹執著於家鄉」**：See, for example, Eric Katz, "The Nazi Comparison in the Debate over Restoration: Nativism and Domination," *Environmental Values* 23, no. 4 (2014): 377–98.

**「這項爭議」**：David Simberloff, "Confronting introduced species: a form of xenophobia?," *Biological Invasions* 5 (2003): 179–92; James C. Russell and Tim M. Blackburn, "The Rise of Invasive Species Denialism," *Trends in Ecology and Evolution* 32, no. 1 (2017): 1–3; Mark A. Davis and Matthew K. Chew, "'The Denialists Are Coming!' Well, Not Exactly: A Response to Russell and Blackburn," *Trends in Ecology and Evolution* 32, no. 4 (2017): 229–30.

**「植物調查」**：Kevin Walker, Peter Stroh, Tom Humphrey, David Roy, Richard Burkmar, and Oliver Pescott, *Britain's Changing Flora: A Summary of the Results of* Plant Atlas 2020, (Durham: Botanical Society of Britain and Ireland, 2023), 2.

**「『引進物種』，以及『零期』或『五期』物種移動程度的分類」**：Robert I. Colautti and Hugh J. MacIsaac, "A neutral terminology to define 'invasive' species," *Diversity and Distribution* 10, no. 2 (2004): 135–41.

**「建議完全廢除『外來』物種的分類」**：Charles R. Warren, "Perspectives on the 'alien' versus 'native' species dcbate: a critique of concepts, language and practice," *Progress in Human Geography* 31, no. 4 (2007): 436–37.

## 8／苦菜

**「擁有最高多樣性的作物」**：Geoffrey R. Dixon, *Vegetable Brassicas and Related Crucifers: Crop Production Science in Horticulture Series, No.14* (Wallingford: CABI, 2007), 2.

**「其價值跨越了文化與大陸」**：Lorenzo Maggioni, Roland von Bothmer, Gert Poulsen, and Ferdinando Branca, "Origin and Domestication of Cole Crops (*Brassica oleracea* L.): Linguistic and Literary Considerations," *Economic Botany* 64, no. 2 (2010), 118; NordGen, "Brassica rapa," Plant Portraits, 2020. www.nordgen.org/en/plant-portraits/brassica-rapa/.

**「留有中文紀錄」**：Chia Wen Li, "The Origin, Evolution, Taxonomy and Hybridization of Chinese Cabbage," *Chinese Cabbage: Proceedings of the First International Symposium, eds.* N. S. Talekar and T. D. Griggs, 3–10 (Shanhua, Taiwan: Asian Vegetable Research and Development Center, 1981).

**「搜尋小油菜亞種的基因組」**：Xinshuai Qi, Hong An, Aaron P. Ragsdale, Tara E. Hall, Ryan N. Gutenkunst, J. Chris Pires, and Michael S. Barker, "Genomic Inferences of Domestication Events are Corroborated by Written Records in Brassica rapa," *Molecular Ecology* 26 (2017): 3383.

**「歷史相對較短」**：Lorenzo Maggioni, Roland von Bothmer, Gert Poulsen, and Elinor Lipman. "Domestication, Diversity and Use of Brassica oleracea L., Based on Ancient Greek and Latin Texts," *Genetic Resources and Crop Evolution* 65 (2018): 137–59.

**「研究人員仍不確定」**：Alex C. McAlvay, Aaron P. Ragsdale, Makenzie E. Mabry, Xinshuai Qi, Kevin A. Bird, Pablo Velasco, Hong An, J. Chris Pires, and Eve Emshwiller, "Brassica rapa Domestication: Untangling Wild and Feral Forms and Convergence of Crop Morphotypes," *Molecular Biology and Evolution 38*, no. 8 (2021): 3359.

**「植物願意與我們為伴」**：Michael Pollan, *The Botany of Desire* (New York: Random House, 2002), xxv.（繁體中文版《欲望植物園》由時報出版。）

**「開發出一種長莖青花菜」**：Russ Parsons, "Aspiration: Asparation," *Los Angeles Times*, March 18, 1998, www. latimes.com/archives/la-xpm-1998-mar-18-fo-29958-story.html.

## 9／大豆

**「就有詩歌以大豆為主題」**："Cai Shu" in *The Chinese Classics (Shī jīng - The Book of Odes)*, Volume 4, trans. James Legge (Taipei: SMC, 2000). Online version of the text available via the University of Virginia Chinese Text Initiative, cti.lib.virginia. edu/shijing/AnoShih.html.

**「把豆腐塊比喻成白玉」**：苏轼, 東坡樂府, Project Gutenberg EBook (2007), www.gutenberg.org/cache/ epub/24028/pg24028.html.

**「把豆漿的豆渣比喻成雪花」**：孫作, '菽乳', 中華古詩文古書籍網, www. arteducation.com.tw/shiwenv_cdb36769152b.html

**「好些詩歌是在讚揚豆腐」**：William Shurtleff and Akiko Aoyagi, *History of Tofu and Tofu Products* (965 CE to 2013): Extensively Annotated Bibliography and Sourcebook (Lafayette, CA: Soy Info Center, 2013).

**「製油作物可用來生產」**：Ines Prodöhl, "Versatile and Cheap: A Global History of Soy in the First Half of the Twentieth Century," *Journal of Global History* 8, no. 3 (2013): 461–82.

**「主要是透過由日本仲介促成的交易」**：transactions mostly facilitated by Japanese agents": Ines Prodöhl, "Versatile and Cheap"; David Wolff, "Bean There: A Soy-Based History of Northeast Asia," *The South Atlantic Quarterly* 99, no. 1 (2000): 241–52.

**「美國農業部種植與試驗」**：USDA, Soy Bean (Washington, DC: Government Printing Office, 1920), 3.

**「福特曾設立大豆研究實驗室」**：Jim McCabe, "Soybeans: Henry Ford's Miracle Crop," *The Henry Ford*, November 17, 2014 , www.thehenryford. org/explore/blog/soy-beans; and The Henry Ford, Soybean Lab Agricultural Gallery, The Collections of the Henry Ford, Object 29.3051.1, www. thehenryford.org/collections-and-research/digital-collections/artifact/83790#slide=gs-218675.

「大豆油登場，填補了這個落差」：Ines Prodöhl, "Versatile and Cheap," 478; "From Dinner to Dynamite: Fats and Oils in Wartime America," *Global Food History* 2, no. 1 (2016): 31–50.

「大豆在國內的種植量已超出」：Ines Prodöhl, "Versatile and Cheap," 463.

「經過了基因改造」：FDA, "GMO Crops, Animal Food, and Beyond," US Food and Drug Administration, February 17, 2022, www.fda.gov/food/agricultural biotechnology/gmo-crops-animal-food-and-beyond.

「『我真為寫下這解釋的人感到悲哀』」：Nina Mingya Powles, "Tofu Heart," in *Small Bodies of Water* (Edinburgh: Canongate, 2021), 180. First published in Vittles 2.8, April 29, 2020. vittles.substack.com/p/vittles-28-making-doufu-hua?s=r.

「探索了大豆的優點，把大豆當成牲畜飼料」：Walter Fitch Ingalls, *Soy Beans* (Cooperstown, NY: The Arthur H. Crist Co., 1912), 8.

「以亞洲人的方法攝取大豆」：Ines Prodöhl, "Versatile and Cheap," 474.

「反對人士則稱之為危險的『宣傳食物』」：See for example: Julia McKinnell, "Will Soy Make My Son Gay?," Maclean's, December 4, 2008. www.macleans.ca/ society/health/will-soy-make-my-son-gay/; Faye Flam, "Oh, boy! Do Guys Need to Worry About Soy?," The Seattle Times, January 14, 2007. www.seattletimes.com/seattle-news/health/oh-boy-do-guys-need-to-worry-about-soy/.

「大豆被扣上各種病痛來源的帽子」："Straight Talk About Soy," The Nutrition Source - Harvard T. Chan School of Public Health. www.hsph.harvard.edu/nutritionsource/ soy/.

「刻板印象與父權恐懼堆疊累積」：James Hamblin, "Why Men Think Plant-Based Meat Will Turn Them Into Women," *The Atlantic*, February 3, 2020. www.theatlantic.com/health/archive/2020/02/why-men-are-afraid-soy-will-turn-them-women/605968/.

「在另類右派的說法中」：Iselin Gambert and Tobias Linné, "From Rice Eaters to Soy Boys: Race, Gender, and Tropes of 'Plant Food Masculinity,'" *Animal Studies Journal* 7, no. 2 (2018): 129–79.

「完全不是我對豆漿的理解」：Clarissa Wei, "How America Killed Soy Milk," Eater, February 15, 2016. www.eater.com/2016/2/15/10995808/america-soymilk-fresh.

## 10／酸果

「柑橘類果樹林在佛羅里達州占地將近一百萬畝」：Christian Warren, "'Nature's Navels': An Overview of the Many Environmental Histories of

Florida Citrus," in *Paradise Lost?: The Environmental History of Florida*, eds. Raymond Arsenault and Jack E. Davis (Gainesville: University Press of Florida, 2005), 179.

「起源是位於中國西部的一顆紅色星星」：Guohong Albert Wu, Javier Terol, Victoria Ibanez, et al., "Genomics of the origin and evolution of Citrus," *Nature* 554 (2018): 311–16. doi.org/10.1038/ nature25447.

「我們現在所使用的名詞，也蘊含著過往的痕跡」：Fuller, Dorian Q, et al., "Charred pummelo peel, historical linguistics and other tree crops: Approaches to framing the historical context of early Citrus cultivation in East, South and Southeast Asia," in *Agrumed: Archaeology and history of citrus fruit in the Mediterranean: Acclimatization, diversifications, uses,* eds. Véronique Zech-Matterne and Girolamo Fiorentino (Naples: Publications du Centre Jean Bérard, 2017). books.openedition.org/pcjb/2173.

「借自這份研究的共同作者的用字」：Guohong Albert Wu, Javier Terol, Victoria Ibanez, et al., "Genomics of the origin and evolution of Citrus," *Nature* 554 (2018): 311–16. doi.org/10.1038/nature25447.

「把原色混合起來」：Dan Nosowitz, "Grapefruit Is One of the Weirdest Fruits on the Planet," Gastro Obscura, October 6, 2020. www.atlasobscura.com/ articles/ grapefruit-history-and-drug-interactions.

「透過今天伊朗與伊拉克之間的土地來交易」：L. Ramón-Laca. "The Introduction of Cultivated Citrus to Eu- rope via Northern Africa and the Iberian Peninsula," *Economic Botany* 57, no. 4 (2003): 502–14.

「最早來自歐洲的定居者如何從加拿大東岸種植起柑橘類」：Karen Ordahl Kupperman, "The Puzzle of the American Climate in the Early Colonial Period," *The American Historical Review* 87, no. 5 (1982): 1262–89; Sam White, "Unpuzzling American Climate: New World Experience and the Foundations of a New Science," *Isis* 106, no. 3 (2015): 544–66; Christian Warren, "'Nature's Navels': An Overview of the Many Environmental Histories of Florida Citrus," 180.

「果實產量增加了四十三倍」：Christian Warren, "'Nature's Navels': An Overview of the Many Environmental Histories of Florida Citrus," 185.

「制式化的柑橘類育種計畫」：Iqrar A. Khan and Walter J. Kender, "Citrus Breeding: Introduction and Objectives," in *Citrus Genetics, Breeding, and Biotechnology,* ed. Iqrar A. Khan (Wallingford: CABI, 2007): 3.

「連一棵柳橙樹都沒看過」：W. C. Cooper, P. C. Reece, and J. R. Furr. "Citrus breeding in Florida—Past, present and future," *Proceedings of the Florida State Horticultural Society* 75 (1962), 5–12.

「施永高又會花幾十年的時間，指導美國國會圖書館進行東亞文本採購」：Walter T. Swingle, "Chinese Historical Sources," *The American Historical Review* 26, no. 4 (1921): 717–25; Hartmut Walravens, "Namenund Titelregister zu den Jahresberichten über ostasi- atische Neuerwerbungen der Library of Congress, Washington, D.C., 1912–1941," *Monumenta Serica* 69, no. 1 (2021): 201–41.

「施永高以相當感官性的文字來描述橘柚」：Walter T. Swingle, T. Ralph Robinson, and E. M. Savage, "New Citrus Hybrids," *USDA Circular* 181 (August 1931): 7.

「起初這種病稱為黃梢病」：X. Y. Zhao, "Citrus yellow shoot (Huanglungbin) in China: A Review," *Proceedings of the International Society of Citriculture* 1 (1982): 466–69.

「世界各地的柑橘類產地都感受到其影響」：Cici Zhang, "Citrus greening is killing the world's orange trees. Scientists are racing to help," *Chemical and Engineering News* 97, no. 23 (2019).

「薩拉伊瓦追溯加州柳橙的複製體」：Barbara Hahn, Tiago Saraiva, Paul W. Rhode, Peter Coclanis, and Claire Strom, "Does Crop Determine Culture?," *Agricultural History* 88, no. 3 (2014): 407–39.

「佛羅里達州柑橘的歷史」：T. Ralph Robinson, "Some Aspects of the History of Citrus in Florida," *Quarterly Journal of the Florida Academy of Sciences* 8, no. 1 (1945): 65.

「三名佛羅里達州的柑橘生產者被送進大牢」：Adrian Sainz, "Slavery in Florida's Citrus Groves," *CBS News*, November 21, 2002.

「產量是一九四〇年代以來的最低點」：Abby Narishkin, Dylan Bank, Victoria Barranco, and Yin Liao, "After the worst orange harvest in 75 years, Florida growers are trying to com- bat a deadly citrus disease," *Business Insider*, May 18, 2022. www.businessinsider.com/florida-orange-growers-are-battling-deadly-citrus-disease-2022-5.

「這種柳橙能抵抗黃龍病」：Cici Zhang, "Citrus greening is killing the world's orange trees. Scientists are racing to help," *Chemical and Engineering News* 97, no. 23 (2019).

「業者嘗試多角化，開始種起竹子」：ABC7 Staff, "Mixon Fruit Farms Planning to Sell Remaining Land," ABC 7, October 25, 2022. www.mysuncoast.com/2022/10/25/mixon-fruit-farms-planning-sell-remaining-land/; Dale White, "Mixon Fruit Farms Experimenting with Edible Organic Bamboo," *Sarasota Herald Tribune*, July 23, 2018. eu.heraldtribune.com/story/news/local/manatee/2018/07/23/mixon-fruit-farms-experimenting-with-edible-organic-bamboo/11408585007/.

「植物學名稱是以施永高命名」：Walter T. Swingle, "A New Genus,

Fortunella, Comprising Four Species of Kumquat Oranges," *Journal of the Washington Academy of Sciences* 5, no. 5 (1915): 165–76.

## 11／水滴的尺度

**「以哪些方式，把蕈菇視為親戚」**：Anna Tsing, "Arts of Inclusion, or How to Love a Mushroom," *Manoa* 22, no. 2 (2010): 191–203.

**「在德國東部發現」**：Maren Hübers and Hans Kerp,"Oldest known mosses discovered in Mississippian (late Visean) strata of Germany," *Geology* 40, no. 8 (2012): 755–58.

**「生存已超過一千五百年的針葉離齒苔」**：Esme Roads, Royce E. Longton, and Peter Convey, "Millennial timescale regeneration in a moss from Antarctica," *Current Biology* 24, no. 6 (2014): R222-R223.

**「一八〇一年，德國植物學家約翰．海德維希最先描述」**：Johann Hedwig, *Species Muscorum Frondosorum* (Leipzig: Barth, 1801), 147.

**「英國並沒有石南荒原星苔的孢子生成階段的紀錄」**：P. W. Richards, "Campylopus introflexus (Hedw.) Brid. and C. polytrichoides De Not. in the British Isles; a preliminary account," *Transactions of the British Bryological Society* 4, no. 3 (1963): 404–17.

**「『坦克苔蘚』」**: Dr. Uwe Starfinger & Prof. Dr. Ingo Kowarik, "Campylopus introflexus," Neobiota.de (Bundesamt für Naturschutz), 2003. neobiota.bfn.de/handbuch/gefaesspflanzen/campylopus-introflexus.html.

**「其目前的非原生範圍」**：Benjamin E. Carter, "Ecology and Distribution of the Introduced Moss Campylopus Introflexus (Dicranaceae) in Western North America," Madroño 61, no. 1 (2014): 82–86.

**「在石南荒原星苔占據的地方，它們就沒辦法競爭」**：L. B. Sparrius and A. M. Kooijman, "Invasiveness of Campylopus introflexus in drift sands depends on nitrogen deposition and soil organic matter," Applied Vegetation Science 14 (2011): 221–29; Miguel Equihua and Michael B. Usher. "Impact of Carpets ofthe Invasive Moss Campylopus Introflexus on Calluna Vulgaris Regeneration," Journal of Ecology 81, no. 2 (1993): 359–65.

**「在整個英國被人發現的地點」**：National Biodiversity Network Atlas. nbnatlas.org.

**「『優雅適應了微小尺度的生命』」**：Robin Wall Kimmerer, *Gathering Moss: A Natural and Cultural History of Mosses* (Corvallis, Oregon State University Press, 2003), 15.（繁體中文版《三千分之一的森林：微觀苔蘚，找回我們曾與自然共享的語言》由漫遊者文化出版。）

**「苔蘚生存的微氣候」**：Kimmerer, *Gathering Moss*, 16–18.

「『是以水滴的尺度設計出來的』」：Alie Ward, host. "Episode 149: Bryology (MOSS) with Dr. Robin Wall Kimmerer," *Ologies* (podcast), June 30, 2020. www.alieward.com/ologies/ bryology.

「一塊星苔地毯出現，且愈來愈厚」：Starfinger and Kowarik, "Campylopus introflexus"; T. Hasse, "Campylopus introflexus," Cabi Compendium, Cabi International, 2022. DOI: 10.1079/cabicompendium.108875; Jonas Klinck, "Campylopus introflexus," Nobanis.org Invasive Alien Species Fact Sheet, Online Database of the European Network on Invasive Alien Species, 2010.

「有人認為，平原鷚這種在歐洲列入瀕危的鳥類數量會減少，就是因為石南荒原星苔入侵」：Chris van Turnhout, "The disappearance of the Tawny Pipit Anthus campestris as a breeding bird from the Netherlands and Northwest-Europe," (originally: "Het verdwijnen van de Duinpieper als broedvogel uit Nederland en Noordwest-Europa"), *Limosa* 78 (2005): 1–14.

「以個別的莖來體驗這個世界」：Kimmerer, *Gathering Moss*, 77.

## 12／種子

「照料這些遺傳物質所不可或缺」：Helen Anne Curry, "Data, Duplication, and Decentralisation: Gene Bank Management in the 1980s and 1990s," In *Towards Responsible Plant Data Linkage: Data Challenges for Agricultural Research and Development*, eds. Hugh F. Williamson and Sabina Leonelli, 163–82 (Cham: Springer, 2003).

「全球糧食供應的終極保單」：Crop Trust, "Svalbard Global Seed Vault," 2022. www.crop- trust.org/work/svalbard-global-seed-vault/.

「『備份中的備份』」：Helen Anne Curry, "The history of seed banking and the hazards of backup," *Social Studies of Science* 52, no. 5 (2022): 664–88.

「和皇家植物園的歷史遺產有所對比」：Xan Sarah Chacko, "Digging Up Colonial Roots: The Less- Known Origins of the Millennium Seed Bank Partnership," *Catalyst: Feminism, Theory, Technoscience* 5, no. 2 (2009): 1–9.

「蒐藏的種子在變遷的世界中變得更無用武之地」：Lauren Leffer, "Climate Change Is Shifting How Plants Evolve. Seed Banks May Have to Adapt, Too," *Gizmodo*, July 1, 2022, gizmodo.com/seed-banks-climate-change-food-security-svalbard-vault-1849073024.

「『蒐藏複製品，而不是原原本本種子的倉庫』」：Helen Anne Curry, "The history of seed banking and the hazards of backup," *Social Studies of Science* 52, no. 5 (2022): 666.

「『種子決定論者』」："Francesca Bray, Barbara Hahn, John Bosco Lourdusamy, and Tiago Saraiva. "Cropscapes and History: Reflections on Rootedness and Mobility," *Transfers: Interdisciplinary Journal of Mobility*

*Studies* 9, no. 1 (2019): 26; Can Dalyan, “Latent Capital: Seed Banking as Investment in Climate Change Futures,” in *The Work That Plants Do: Life, Labour and the Future of Vegetal Economies*, eds. Marion Ernwein, Franklin Ginn and James Palmer, 181–92 (Bielefeld: transcript Verlag, 2021), 189.

**「這些都需要個別的照料與費神」**：Xan Sarah Chacko, “Creative Practices of Care: The Subjectivity, Agency, and Affective Labor of Preparing Seeds for Long-term Banking,” *Culture, Agriculture, Food, and Environment* 41, no. 2 (2019): 97–106.

**「有希望的大自然」**：Catriona Sandilands, “Fields of Dreams,” *Resilience: A Journal of the Environmental Humanities* 4, no. 2–3 (2017): 113.

## 13／松園

**「他按照二名法，幫這種松樹取了拉丁文名稱『蒙氏松』」**：與法康－蘭（Falcon-Lang）私人通信，2022年11月24日。

**「有史以來已知最古老的松樹」**：Howard J. Falcon-Lang, Viola Mages, Margaret Collinson. “The oldest Pinus and its preservation by fire,” *Geology* 44, no. 4 (2016:) 303–306.

**「松樹也特別利於我們理解入侵種」**：David M. Richardson, “Pinus: a model group for unlocking the secrets of alien plant invasions?,” *Preslia* 78 (2006): 376.

**「卡斯巴．大衛．弗雷德里希一八一四年完成的〈森林裡的獵人〉」**：Simon Schama, *Landscape and Memory* (New York: Knopf, 1995), plate 13.（簡體中文版《風景與記憶》由譯林出版社出版。）

**「我們可以訴說跟別的地方不一樣的故事」**：Sara Maitland, *Gossip from the Forest: The Tangled Roots of Our Forests and Fairytales* (London: Granta, 2012).

**「置入樣本的蝕刻印刷圖」**：J. F. Arnold, *Reise nach Mariazell in Steyermark* (Vienna: Christian Friedrich Wappler, 1785), pp. 8, 25.

**「科西嘉松早在一七五九年便已引進」**：Monty Don, “A Pine Romance,” *The Guardian*, November 9, 2003. www.theguardian.com/lifeandstyle/2003/nov/09/gardens.

**「對於科西嘉松木材的偏見」**：Forestry Commission. *History of Thetford, King's, Swaffam Forests, 1923–1951* (Forestry Commission, 1952), 1.

**「有一張松樹分布圖顯示」**：Wei-Tao Jin, David S. Gernandt, Christian Wehenkel, Xiao-Mei Xia, Xiao-Xin Wei, and Xiao-Quan Wang, “Phylogenomic and ecological analyses reveal the spatiotemporal evolution of global pines,” *PNAS* 118, no. 20 (2021): e2022302118.

**「研究人員相信，這些松樹種類從這個區域的東邊和西邊往南遷」**：Wei-Tao Jin, David S. Gernandt, Christian Wehenkel, Xiao- Mei Xia, Xiao-Xin Wei, and Xiao-Quan Wang, "Phylogenomic and ecological analyses reveal the spatiotemporal evolution of global pines."

**「臺灣二葉松的根部開始讓山邊恢復完整」**：Liang-Chi Wang, Zih-Wei Tang, Huei- Fen Chen, Hong-Chun Li, Liang-Jian Shiau, Jyh-Jaan Steven Huang, Kuo-Yen Wei, Chih-Kai Chuang, Yu-Min Chou, "Late Holocene vegetation, climate, and natural disturbance records from an alpine pond in central Taiwan," *Quaternary International* 528 (2019): 63–72; Wen-Chieh Chou, Wen-Tzu Lin, and Chao-Yuan Lin, "Vegetation recovery patterns assessment at landslides caused by catastrophic earthquake: A case study in central Taiwan," *Environ Monit Assess* 52 (2009): 245–57.

## 14／淡紫色的同義詞

**「在高中透過指定閱讀的文學作品而認識的」**：Charlotte Brontë, *Jane Eyre* (London: Penguin Classics, 1996 [1847]): chapter 28, p. 370; Emily Brontë, *Wuthering Heights* (London: Hamish Hamilton, 1950 [1847]), 134.（繁體中文版《簡愛》由遠流出版。）（繁體中文版《嘯風山莊》由遠流出版。）

**「這裡的美讓安妮欣喜若狂」**：L. M. Montgomery, *Anne of the Island* (Toronto: George G. Harrap and Co. Ltd., 1938 [1915]), 62–63.（繁體中文版《安妮的愛情》由錦德出版。）

**「一位名叫喬治・洛森的植物學家試著提出解釋」**：George Lawson, "Notes on some Nova Scotian Plants," *Proceedings and Transactions of the Nova Scotian Institute of Natural Science* 4, no. 2 (1876): 167–79.

**「有許多關於帚石南的報告」**：Asa Grey, "American Heather," American Journal of Science s2-43, no. 127 (1867): 128– 29 [a short note in the section titled "Scientific Intelligence"]; Edward S. Rand Jr., "The heather (Calluna vulgaris), a native of the United States: Extracted from an unpublished report to the Massachusetts Horticultural Society," *American Journal of Science* s2-33, no. 97 (1862): 22–27.

**「一九五八年，植物學家羅伊・克拉克森對數十年來關於帚石南的研究予以概述」**：Roy B. Clarkson, "Scotch Heather in North America," *Castanea* 23, no. 4 (1958): 119–30. www.jstor.org/stable/4031792.

**「鮑爾斯寫下自己童年在紐西蘭度過，之後才搬到英國」**：Nina Mingya Powles, "Small Bodies of Water," *The Willowherb Review*, no. 1 (2018). www.thewillowherbreview. com/bodies-of-water-nina-mingya-powles.

**「雷蒙・威廉斯是我很喜愛的自然文化評論者」**：Raymond Williams, T*he Country and the City*, 258.

「兩次造訪漢普斯特德荒原時看見的些許植物群」：*Thomas Johnson, Botanical Journeys in Kent and Hampstead: A facsimile reprint with Introduction and Translation of his Iter Plantarum 1629, Descriptio Itineris Plantarum 1632,* ed. J. S. L. Gilm- our (Pittsburgh: The Hunt Botanical Library, 1972).

「艾維斯里勛爵格外哀嘆帚石南消失這件事」：Lord Eversley (George Shaw Lefevre), *Commons, Forests & Footpaths: The Story of the Battle During the Last Forty-Five Years for Public Rights Over the Commons, Forests and Footpaths of England and Wales* (London: Cassell, 1910), 34–35.

「『真正的石南荒原』」：Hampstead Scientific Society, *Hampstead Heath: Its Geology and Natural History* (London: T. Fisher Unwin, 1913), 105.

「在一張古地中海地圖上標著『紫色生產地』」：Chris Cooksey, "Tyrian Purple: The First Four Thousand Years," *Science Progress* 96, no. 2 (2013): 171–86.

「百科全書會告訴你的事」：*Encyclopædia Britannica*, September 8, 2020. www.britannica.com/science/ purple-colour.

「有這塊土地當年的照片」：Walter Peters, 40 *Jahre Schneverdingen 1946–1986. Fakten, Daten, Bilder. Eine Dokumentation* (Schneverdingen: Stadt Schneverdingen, 1987), 278–82.

「這地方的石南荒原棲地才好不容易恢復」："Schneverdingen: Naturschutzgebiet Osterheide," Lüneburger Heide GmbH Website, accessed October 6, 2022. www.lueneburger-heide.de/natur/sehenswuerdigkeit/574/schneverding-en-osterheide-naturschutz.html.